尽管去做，
别辜负所有的坚持

鸪 衣 编著

中国华侨出版社

图书在版编目（CIP）数据

尽管去做，别辜负所有的坚持 / 鸲衣编著. —北京：
中国华侨出版社，2016.4 （2021.4重印）

ISBN 978-7-5113-5921-6

Ⅰ. ①尽… Ⅱ. ①鸲… Ⅲ. ①成功心理—通俗读物
Ⅳ. ①B848.4-49

中国版本图书馆 CIP 数据核字（2016）第 060465 号

尽管去做，别辜负所有的坚持

编　　著／鸲　衣

策划编辑／邓学之

责任编辑／文　喆

责任校对／王京燕

封面设计／一个人·设计

经　　销／新华书店

开　　本／710 毫米×1000 毫米　1/16　印张／16　字数／176 千字

印　　刷／三河市嵩川印刷有限公司

版　　次／2016年7月第1版　2021年4月第2次印刷

书　　号／ISBN 978-7-5113-5921-6

定　　价／45.00 元

中国华侨出版社　北京市朝阳区静安里 26 号通成达大厦 3 层　邮编：100028

法律顾问： 陈鹰律师事务所

编辑部：（010）64443056　64443979

发行部：（010）64443051　传真：（010）64439708

网　　址：www.oveaschin.com

E-mail：oveaschin@sina.com

序言
像屠呦呦一样去追求梦想

当地时间 2015 年 10 月 5 日，瑞典斯德哥尔摩，诺贝尔委员会举办新闻发布会，宣布了 2015 年诺贝尔生理学或医学奖得主，中国药学家屠呦呦名在其中。

让我们谨记这个时刻——因为屠呦呦女士是第一位获得诺贝尔科学奖项的本土中国科学家，也是第一位获得生理医学奖的华人科学家。

屠呦呦就这样在一个万众瞩目的时刻，以一种寂静无声的姿态，悄悄站到了世界面前。覆盖在她身上的光环不亚于至尊宝踩着七彩祥云出现的华丽，但是她始终是内敛的。她在瑞典卡罗林斯卡医学院发表演讲时，几次三番地提到了她的团队，肯定了大家付出的同时，并郑重地把中草药正式介绍给了全世界。

这是属于中国的荣耀！

但是，最让我感动的不是这个，而是她发表演讲时的一句话："目标明确、坚持信念是成功的前提。"

这句话就是促使我写这本书的最初动力。

我们中的很多人，通过一则新闻，获知屠呦呦女士获得了诺贝尔生理学或医学奖。在羡慕她为她感到自豪的同时，过多地把目光投入到云绕着她的光环上，却忽视了在这个奖背后的实情，她投入了多少精力，历经了多少阻碍，受到多大的挫折……我们暂且不提其他了，从时间上看，就能看出一二。

　　从1959年，她踏入西医离职学习中医班，系统学习了中医药知识，到加入这个研究组，再到1974年发现青蒿素，历时多少年？从1974年发现青蒿素到一次次改进，最终获得诺贝尔奖又是多少年？

　　旁观者都只会被她此时的成功吸引，却忽视了她之前数十年如一日的奋斗。一个女子整日整夜地在实验室试验，在瓶瓶罐罐中寻找着最后的突破。肩负的责任和试验瓶颈带给她的压力并不是三言两语就能形容的。只不过成功的喜悦把之前所受的苦都冲淡了。事实也是，和成功比较起来，之前所受的苦又算得了什么呢？那只不过是凤凰为了涅槃重生，不得不经受的烈火之刑罢了。

　　这个世界上没有谁的成功是因为运气好，任何成功都是以坚持与努力为基础。他们只是在你看不到的地方默默地奋斗着，坚持着你不知道的努力罢了。我们不要急于羡慕别人的成功，在这之前，应该沉淀好自己的心情，让自己全身心地投入到追逐我们梦想的行动中去。

　　是的，是行动。

　　梦想再美，没有行动也只能是一纸空谈，做不了真。只有让行动把梦想支撑起来，才有机会获得最后的成功。

　　像屠呦呦一样去追求梦想，别辜负了所有的坚持！

　　谨以此书献给每一个正在奋力拼搏的年轻人。

鸪衣

2015 年 12 月

目录

第六章　我们终会遇见想要的未来

第七章　要活出精彩，你必须坚持做最优秀的自己

第一章
告诉自己，你期待的未来并不遥远

　　没有谁生下来就很优秀。优秀是时间积累出来的。你要的未来就在你脚下。只要你迎着美好的梦想大踏步前进，只要你有足够的努力，只要你有足够的坚持，成功就在你触手可及的地方。因此，你不要等待幸运，无论是否处在顺境，你都要给自己动力，告诉自己，你要的未来并不遥远，一定要坚持下去。

1.在追求梦想的道路上，我们都能变得勇猛无敌

平凡不是可怕的事，这个世界上最多的还是像我们这样的平凡人。但是平凡并不代表不能做不平凡的事！只要你有足够的勇气和信心，平凡的你也可以创造一个不平凡的未来！只要积极地给自己沐浴阳光，每一棵小草，都将通往春天。只要你坚持下去，春天就会来临。

没有人可以选择自己的出生。是郊外的小草，还是温室里的玫瑰，并不是我们所能控制的。我们能做的就是认同我们的出生，小草也好，玫瑰也罢，该我们面对的就得面对。

临渊羡鱼，不如退而结网。纠结于不属于我们的东西于事无补，还不如通过我们的双手创造我们需要的东西。

或许，这是一个很艰辛的过程，但是，和我们向往的未来相比，这点艰辛又算得了什么呢？每一棵小草，都将通往春天，只要我们有这个信念，抱着"多吃一点苦，多走一段路"的恒心，还有什么不能做到呢？

梦想不是一朝一夕就能造就的，需要我们在挫折中经受一次又一次命运的考验。那是命运给我们的考题，没有谁可以回避。通往美好

的道路上肯定有我们不知道的荆棘，这些会成为阻碍我们向前的阻力。只要我们怀着必胜的信念，抱着热情洋溢的态度，积极的心态，迟早有一天，会将阻碍我们前行的阻力击败。再卑微的小草，只要挺过了严冬，就能嗅到春天的气息，成为春意盎然中生机勃勃的一员。

所以，现在我们要做的是不要被严冬的风霜雪雨吓着，或许现在我们是卑微的，但是我们的未来一定不会继续卑微。

梦想在，沿着梦想前行，我们会变成勇猛无敌的战士，迎着美好的梦想大踏步前进。这个时候我们就会发现，原来我们人生最美的季节是实现我们梦想的未来！

1954 年，劳尔德·贝兰克梵出生在纽约。父亲是个普通的邮件分拣员，微薄的收入，难以维持一家人的生计，更别说拥有一栋属于自己的房子了。一家人只能住在纽约最糟糕的廉租房区之一的布鲁克林的小区里，"享受"着"贫民窟"式的生活。

7 岁时，贝兰克梵学会了捡破烂。13 岁时，他开始在一些篮球赛场卖苏打饮料。和别的孩子不同，他很会"钻空子"。这个空子，其实就是其他人不愿做的"留"给他的机会。观众席的最边上，客人挥挥手，说："嘿，这里要一杯苏打！"那时的托盘非常重，他托着托盘从人堆中钻进钻出，走好长一段路就是为赚一瓶饮料的钱2 美元75 美分。困苦的生活，他不得不做出这样的选择。

如此的辛苦，还是无法改变生活中的窘境。但贝兰克梵很会找乐，往往在一些客人用来垫屁股的杂志中，去品尝书中的乐趣。慢慢地，他喜欢上了阅读，读历史，尤其是传记，总会被书中一些名人的成长经历深深地吸引住。

就是在不断地阅读中，让他长了见识——既然疲于奔命的辛苦劳作，也无法改变生活，那唯一的办法就是设法走出布鲁克林。16 岁时，贝兰克梵参加了大学入学考试，成功申请到哈佛的奖学金。

贝兰克梵选择哈佛，仅仅是因为在他简陋闭塞的生活中，只听说过有所大学叫哈佛，压根儿不知道这所大学是多么的令人神往。

1978 年，贝兰克梵取得了哈佛法学博士学位，成为纽约一家大律师事务所的税务律师。可这份工作并没能满足贝兰克梵的好奇心，他觉得自己的兴趣和专长最适宜做销售。做销售，他向高盛递交了简历却没通过招聘。

哈佛，一个世人仰慕的大学，他却不知不觉地考上了，而一个高盛招聘却把他拒之门外。贝兰克梵很难接受这个现实，曾一度变得萎靡不振，并以去拉斯维加斯玩扑克寻求刺激，最终染上赌博的恶习，而无法自拔。

没被生活的困难所击败，相反，却被一场招聘压倒。是因为他之前的成功之路走得太顺了，以致连后来的一次小小的失败也无法接受。对于贝兰克梵的"无法自拔"，父亲没有过多地指责，只是针对他喜欢的传记体小说，说："传记最吸引人的一点是，书中的人物在自己生命的初期，也就是前 50 页当中，是不会知道他或者她会在第 300 页时取得成功的。往往一本小说的最精彩之处，是在第 50 页之后……"

第 50 页之后，喜欢传记小说的贝兰克梵再清楚不过了：那些成功的仁人志士，正是在一次次失败当中，才逐渐成长起来。为什么我经历过一次失败，就颓落成这样呢？

进不了高盛，但也要做销售。1981 年，贝兰克梵决定离开律师事务所，进入大宗商品交易公司 J. Aron 做销售员。干起销售来如鱼得水的他，更是意气风发，以帮助过一位穆斯林客户做 1 亿美元的债券组合的业绩，而成功地晋升为"金牌销售"。就是这一辉煌的成绩，最终使他成为高盛的一名员工。

高盛一直以来总是给外界一个毫不留情的印象，它以惊人的速度将精英吸纳进来，又会以惊人的速度将不合格者扫地出门。极具危机意识的贝兰克梵意识到，要想在这个国际著名投行中站稳脚跟，就必须做出令人刮目相看的成绩来。

2002 年，贝兰克梵掌管的高盛支柱部门——固定收益商品部创造了高达 1270 万美元的收益，而当时高盛董事长兼 CEO 亨利·鲍尔森所负责部门的收益也不过 960 万美元。

凭着一连串赫赫战绩，贝兰克梵打败了两个"土生土长"的接班人，2003 年 12 月成为高盛总裁兼首席运营官。2006 年，鲍尔森被布什任命为美国财长，贝兰克梵顺理成章走上高盛集团的最高位置，并被誉为"华尔街最聪明的 CEO"。

从"廉租房少年"到高盛帝国舵手，贝兰克梵的成长经历太值得人们去解读了。在 2013 年拉瓜迪亚社区大学毕业生毕业典礼上，他却说："影响一个人的成功因素有许许多多，对我影响最深的，是父亲曾说过的一句话——精彩从第 50 页开始。因为每个成功者都要经历过一段血淋淋的失败。而那段失败，都隐藏在书中的第 50 页之后。"

贝兰克梵的父亲是一个邮局分拣员，低微的收入解决温饱都有问题，更别说给贝兰克梵买房子。他自小住在廉价的出租房内，捡破烂、卖苏打水饮料，这些在别人眼里不屑一顾的挣钱项目，却成了他小时候挣钱的好项目。

人生以这样作为人生开端，在很多人眼里可能连野外的小草都不如。可是，他就在这样的环境中，把自己后面的人生活得有声有色。他考取了哈佛的法学博士学位，却不喜欢单调的律师生活，想去高盛，却被拒绝。有过情绪波动，又调整好，最后不但达成了他的所愿，还坐到了高盛的最高位置。

所以，人的出生并不重要，是小草还是玫瑰也不重要。这个世上取得成功的人，并不是因为他们不平凡，而是在对未来的把握上，比我们多了一点勇气和坚持。

其实，我们不是输在最初的平凡，而是输在缺乏自信和意志不够坚定上。

平凡不是可怕的事，这个世界上最多的还是像我们这样的平凡人。但是平凡并不代表不能做不平凡的事！只要你有足够的勇气和信心，平凡的你也可以创造一个不平凡的未来！只要积极地给自己沐浴阳光，每一棵小草，都将通往春天。只要你坚持下去，春天就会来临。

2.即使是石头，也总有绽放光彩的一天

任何时候我们都要记住一点，理由永远没有行动来得重要。想让自己绽放光彩，必须让自己行动起来。只有行动、只有不断地坚持，只有不断地破解难题，才有机会站到我们想站的地方。

没有谁是注定不能成功的。即使是石头，它也总有绽放光彩的一天。所以，我们不要轻易被目前的处境吓倒。只要你坚持，你也可以有你向往的未来，也可以幸福地站在你想站的位置。前提是，在石头绽放出光彩前，你得坚持。

坚持不是嘴上说说的事情，必须于实际的行动融入日常的生活中。

任何时候我们都要记得，我们的目标是什么，达成这样的目标我们必须要做什么事？既然这是我们必须要突破的阻碍，我们又有什么理由中途放弃？那是对自己人生的不负责。不管什么理由，都构不成让我们放弃追求美好人生的条件！

胆怯也罢，阻力也罢，想掌握自己的未来，必须战胜胆怯，攻破阻力，持之以恒地坚持下去。只有不懈地坚持，才能接近成功；只有不懈地坚持，石头才有绽放光彩的一天！

　　我们一起来看看这个故事，看看成功人士在绽放光彩之前经历的是什么。

　　从 13 岁起，他就常常莫名其妙地被养母斥骂，甚至被扇耳光。他不得不捂住脸跪地求饶，保证今后再也不敢，养母才会罢手。他委屈地向家人哭诉遭遇，这才知道养母患有精神疾病，一旦受刺激便要找人发泄。他呆住了，同情起养母来，从那以后每次她发病，他便主动跪地求饶，直到她安静下来。

　　如此这般，周围的人都以为他常干伤天害理的事，走到哪里都会招致非议。他没把这些太当回事，依然选择打工赚学费，供养母生活，还为她治病。他学习成绩很好，大学毕业后留校任教，很快被任命为校长。他不舍得撇下养母，尽管她仍旧没事找事，对他破口大骂，要他跪地求饶。这样直到他 50 岁，养母的病才慢慢痊愈。

　　也就在这一年，他参加了总统竞选，结果民意并不高。他失落地向民众做最后的演讲……就在这时，养母突然来到现场，没等他反应过来，就又抽了他一巴掌，大骂起来："你个蠢蛋……"

　　所有人的目光都被吸引过来。养母越骂越凶，他以为养母旧病复发，再度跪地求饶。但养母突然停了下来，挽起他说："我要告诉大家一个秘密，我的养子就像刚才那样已经忍受了 37 年，无怨无悔地向我跪地求饶了 37 年。除了刚才我是在装病外，37 年来我是真的病了，我这样做是想告诉大家，选择让他这样的好人当总统，将会是国家的福气……"

　　一席话震撼了所有人，他的选票迅速攀升，一举赢得了竞选。他就是美国第 20 任总统詹姆斯·艾伯拉姆·加菲尔德。

加菲尔德常对身边的人说："一个人的成功，除了要有强烈的进取心外，还要有强大的忍耐力。面对命运的不公甚至不幸，只要坚持忍耐下去，它们迟早会转化为让你更加强大的力量。"

即便那次没有他养母的一番说辞，即便那次詹姆斯·艾伯拉姆·加菲尔德竞选失败，詹姆斯·艾伯拉姆·加菲尔德的成功也是必然的，他迟早会成功的。

很简单的一个道理，换其他人在他的位置，有几个人能做到他的坚持？37 年的跪地求饶有几个人能从一而终地坚持下来？拥有这么强劲的意志的人，确定了目标，会轻易放弃吗？一个人能持之以恒地坚持，还有什么能难倒他？

坚持的还有一个规则就是忍常人不能忍。

所以，即便我们有很多可以放弃的理由，我们也不要轻言放弃，忍一忍，最困苦时就过去，那样就离我们绽放光彩的日子更近一步了。

乔治·巴顿是二战时美国著名的军事统帅。1942 年，他被任命为第 2 军军长，了解到部队新兵多且活力不足后，他决定要尽快提拔一批新军官，以鼓舞、激励众将士。

那天，经过层层选拔的 8 位候选人集中到操场上，个个胸有成竹，意气风发。巴顿叼着根烟走过去，漫不经心地说："伙计们，我要在仓库后面挖一条战壕，8 英尺（约 2.4 米）长，3 英尺（约 0.9 米）宽，6 英尺（约 1.8 米）深，你们现在就给我去办。"交代完任务，他便自行离开了，没给其他人留下任何的询问时间。

巴顿悄悄地来到仓库的窗户边，静静观望着外面。那 8 位候选人扛着锹和镐来到指定地点，他们没挖一会儿工夫就停下来，开始议论巴顿为何要布置挖这么浅的战壕？有人指责说 6 英尺的战壕还不够做火炮掩体，有人批评这样的坑要么太冷要么太热根本不适用，有人则抱怨马上当军官了哪里还用得着干这种粗活……有个红鼻子小伙子一直在旁边听着，终于忍不住插话说："那老家伙要用战壕来做什么与我们何干？还是尽快动手，把它挖好了早些离开这里吧！"

3 天后，那个红鼻子小伙成了唯一被提拔的人。巴顿给其他候选人的解释是："你们的理论水平和分析能力都很高，可惜上级只准我配一个作战参谋，所以你们得再等以后的机会了。1000 条理由不如 1 个行动，我最终选了那个不懂得找理由，只会严格执行我命令的人。"

1000 条理由不如 1 个行动。这就是这个故事的真谛。

在石头绽放光彩前，我们要坚持我们的目标，不断用我们的行动缩短我们与目标之间的距离。任何时候我们都要记住一点，理由永远没有行动来得重要。想让自己绽放光彩，必须让自己行动起来。只有行动、只有不断地坚持，只有不断地破解难题，才有机会站到我们想站的地方。如果轻而易举就被难题吓跑了，那么我们只能卑微地躲在人群里，悄悄地低下头颅。

这是我们向往的生活吗？

我们不推崇胆小的逃兵，我们崇尚凯旋的英雄。我们要竭尽所能，坚定我们的步伐，走我们想走的路。

遇到挫折时，想要放弃理想时，我们要多想想一句话：即使是石头，也有绽放光彩的一天，何况是身为人类的我们呢？

3.梦想是否高大上不重要，重要的是你有没有足够努力

我们要做的是坚持我们的梦想，不要因为别人的目光而放弃我们的梦想。只要我们一直努力追逐心中的梦想，那些在别人眼里什么都不是的梦想，可能也是我们开启成功之门的钥匙。不要小看任何梦想，你想做什么，就去做什么。

梦想是没有贵贱之分的，并不是说只有光鲜耀目的成功才是构筑梦想的条件。我们的梦想不是做给别人看的，主体是自己，坚持自己的梦想，让自己愉悦，只要自己想，就可以去编织，去实现梦想。并不需要惊天地泣鬼神的磅礴，也不要在意别人的目光，梦想卑微如何？自己满意就好。

任何时候我们都要明白，梦想是我们自己的事，注重的是实质，不是表面。何况，谁说卑微的梦想，不能有别样的成功？只要我们有足够的努力，足够的信心，再卑微的梦想，可以在适当时迎着阳光绚丽开放。它的美丽可能超出了我们的想象！

30 年前，贝特格在一家名叫麦森的陶瓷厂做清洁工，他的主要工作就是清理厂区内的陶瓷碎片和陶土，每天的工资是 20 马克。那时

贝特格非常羡慕厂里的学徒，因为他们每天可以多领 10 马克，这 10 马克对贝特格来说十分重要，他的母亲患有哮喘病，每月需要 10 马克左右的医疗费，而他的工资仅够一家人的日常开销。

当然，做学徒只是贝特格一厢情愿的想法，这根本不可能实现，首先，他没有足够的钱交学费。其次，他跟技师普塞套不上任何关系。普塞是意大利人，他对自己的知识产权看得特别重要，除了亲属或十分信任的人，他从不将核心技术传给任何人，包括厂家派来的工作人员。不过，贝特格并没有放弃希望，他利用一切机会悄悄地学习烧制陶瓷的方法，清洁工的身份帮了他的大忙，有时，普塞和他的徒弟在制作过程中会损坏一些陶器，便让贝特格前去打扫，他们并不避讳贝特格，毕竟他只是一个毫不起眼的清洁工，没有人注意他，也没有人怀疑他。贝特格非常珍惜这样的机会，他总是一边打扫卫生，一边偷偷学艺。贝特格有着很强的观察力，虽然没有师父指导，但去的次数多了，他还是从中学到了不少东西。

一转眼十多年过去了，贝特格的身份还是没有改变，他仍然是麦森陶瓷厂里的一名普通清洁工，不过，此时的他已经身怀绝技，能够烧制出十分精美的陶器。一天，技师普塞和厂里的领导闹了矛盾，一气之下，他带着几个徒弟离开了麦森陶瓷厂，回到了意大利。当时，厂里没有别的技师，普塞这一走，工厂立刻陷入了瘫痪状态，厂里的领导急得如热锅上的蚂蚁，如果在短时间内找不到一个人代替普塞，那么他们的工厂将面临倒闭。

就在大家感到绝望之时，贝特格站了出来，他对工厂老板说："先生，能不能让我试试？"老板见是贝特格，他失望地摆着手说：

"你一个清洁工能做什么呢？我现在需要的是一名技师。"贝特格没有辩驳，而是不慌不忙地从身边取出一件陶器，然后满怀信心地说："先生，请您看看这个，它的质量能达到厂里的要求吗？"老板接过来一看，顿时惊得目瞪口呆，这件陶器的水准并不比普塞烧制的差，非常有特色。老板喜出望外，这简直就是雪中送炭，他立即转变了态度，和颜悦色地对贝特格说："工艺不错！不知你有什么要求？"

"我没有别的要求，只希望您能将我的工资提高到学徒的标准。"贝特格担心老板不答应，又补充说："如果您觉得我的要求有些过分的话，我可以继续兼任清洁工的活，决不会影响工厂的运转。"老板听后哈哈地笑着说："清洁工的工作你就不要做了，只要你能烧制出满意的产品，我会给你和普塞同样的工资。"

在贝特格的努力下，麦森陶瓷厂不仅恢复了生产，还成为欧洲著名陶器生产商，而贝特格也一跃成为德国顶级技师，过上了体面、优越的生活。原来，只要坚持做正确的事情，再卑微的梦想也会开花。

在清洁工的位置，偷偷学艺，一晃就是十多年，促使贝特格这么做的理由只有一个，他想让老板把他的工资提到学徒的标准。

是的，只是学徒。

这样的梦想说出来在很多人眼里是不屑一顾的，档次太低了。但是，这个不入流的梦想却是支持他努力进步的唯一动力，并且十多年如一日。事实是，他成功了。他比很多把梦想制定到顶级技师的人更先获得了成功。

一个人是否能成功，不是看你把梦想制定得多高，而是看你有没有足够努力，有没有坚持到最后。一个人的梦想卑微也好，远大也罢，都只是镜花水月的幻影，本质上是没有区别的。只有努力去做了，一路坚持下来，才有机会把虚幻变成真实。最后的成绩并不是决定于梦想是否伟岸，而是在于努力得够不够。

所以，任何时候我们都不用太在乎别人的目光，我们的梦想不是编织给别人看的，自己喜欢就好，卑微一点又何妨！只要我们坚持我们的梦想，再卑微的梦想也能开花。

一位原籍北京的中国留学生刚到澳大利亚时，为了寻找到一份能糊口的工作，骑着一辆破旧的自行车沿着环澳公路走了数日，替人放羊、割草、收庄稼、洗碗——只要给一口饭吃，他就会暂且停下疲惫的脚步。一天，在唐人街的一家餐馆打工的他，看见报纸上刊出一条澳洲电讯公司的招聘启事，留学生担心自己英语不地道，专业不对口，就选择了线路监控的职位去应聘。过五关斩六将，眼看他就要得到那年薪三万五的职位了，不想招聘的主管却出人意料地问他："你有车吗？我们这份工作时常外出，没有车寸步难行。"澳大利亚公民普遍拥有私家车，无车者寥若晨星，可这位留学生初来乍到还属无车族。为了争取这个极具诱惑力的工作，他不假思索地回答："有！会！""四天后，你开着你的车来上班。"主管说。

四天之内要买车、学车谈何容易，但为了生存，留学生豁出去了。他在华人朋友那里借了500澳元，从旧车市场买了一辆外表丑陋的甲壳虫。第一天他跟朋友学简单的驾驶技术；第二天在朋友屋后的那块大草坪上摸索练习；第三天歪歪斜斜地开着车上了公路；第四天他居然驾着车去公司报了到。时至今日，他已经是澳洲电讯的业务主管了。

一个穷苦的留学生，在举目无亲的国外，断然不敢太脱离实际，编织多么高大上的理想，以博眼球。他首先要考虑的是如何填饱自己的肚子。所以，在他眼里只要有一份能糊口的工作就好了。这样的梦想已经卑微到不能再卑微了吧，可是就是这样一个卑微的梦想，却带给他不一样的未来。

我们在努力向前时，不需要纠结梦想本身。我们不会因为梦想华丽，就收获耀眼的成就；也不会因为梦想简单，就得到普通的成就。梦想披着什么样的衣服并不重要，那不是决定我们能否实现的重要因素。我们要做的是脚踏实地，做自己最想做的事情。只要努力去做了，命运最终不会辜负我们的付出。

所以，我们要做的是坚持我们的梦想，不要因为别人的目光而放弃我们的梦想。只要我们一直努力追逐心中的梦想，那些在别人眼里什么都不是的梦想，可能也是我们开启成功之门的钥匙。不要小看任何梦想，你想做什么，就去做什么。再卑微的梦想，也终究会开花。

4.能让成功爱上的，唯有不放弃的你

遇到阻力时，我们不要过早给自己下定论，觉得自己不行，觉得我们选择的道路走不通。这个世上没有闯不过的难关，关键是看你自己的抉择，是坚持走下去，还是犹犹豫豫地转身。每个人的人生都只有一次，选择用什么样的方式来度过自己的人生，给自己什么样的奖励全在于我们自己的选择。

在追逐梦想的道路上，总有这样那样的困难阻碍我们前进的步伐，在我们眼里很多困难是无法解决跨越的，最后就只能灰溜溜地放弃了。

其实，吓跑我们的并不是困难，而是我们自己。换言之我们不是被困难打败，而是被我们自己打败了。当我们撤离时，我们之前怀抱梦想的精神劲儿去哪里了？还记得梦想最初信心十足的自己吗？

这个世界没有简简单单的成功，每个成功人士在成功之前都有一段不为人知的灰色日子。他们也和困难抗争过，也有头破血流时，他们与我们唯一不同的地方就是：他们坚持了下来，我们却没有！

命运垂青的是不言放弃的人，如果一点点所谓的困难就能把我们打败的话，那么我们又拿什么证明自己是很迫切地想实现自己的梦想？

不拿出点诚意，又如何让梦想看到我们的虔诚呢？

所以，不管遇到什么样的困难阻力，我们都不要轻易因为它们而改变我们心中的行驶方向。我们的坚持是对我们自身最大的支持，那直接影响我们会不会成功！

在美国有一项纪录至今没人打破，那就是一个人在一家公司连续15 年守住推销冠军宝座。创造这个纪录的是个叫玛丽的女人。她制胜的法宝就是放下矜持和犹豫，把能量发挥到极限，也就是俗称的"厚脸皮"。

玛丽曾是美国圣保罗市的一位全职主妇，是四个孩子的妈妈。她的丈夫保罗在一家证券公司工作，收入颇丰。随着孩子们渐渐长大，玛丽对于家庭主妇这个角色开始有些厌倦，看着其他的女性一个个在职场上混得风生水起，她不甘心就这样打发一生，决定也出去闯一闯。

对于妻子的想法，保罗并不赞同，他说："在职场会遇到很多困难甚至是羞辱，需要强大的心理支撑，你自尊心那么强，不可能承受的。"但玛丽不以为然，认为只要自己踏实努力，应该能很快打开局面。

她应聘到了美国最著名的缝纫机品牌"胜家"（SINGER），做了一名缝纫机推销员。开始了职场生涯。但是，她的第一次推销，就被迎头泼了凉水。

这天，她来到一个鱼市，打量着来来往往的人，寻找有可能购买缝纫机的潜在客户。来到一个鱼档前，她看到卖鱼的鱼贩穿着的衣服破了，心想衣服破了肯定需要缝补，就向那人推销起了缝纫机。

那个鱼贩正在忙碌，不耐烦地说："你没看见我正在忙着吗？"他不友好的态度，让玛丽很尴尬。可是她不甘心就此罢休，继续小声介绍她的产品。鱼贩火了："滚开，别耽误我做生意，再不走开我就拿水泼你！"玛丽还要再说，那个鱼贩抄起水桶，把满满一桶充斥着鱼腥味的水泼到了她的身上。大庭广众之下，玛丽成了落汤鸡。受到如此羞辱，是玛丽做梦也没有想到的，她感到颜面尽失，含着眼泪羞愧地落荒而逃。

回到家里，玛丽感到万分屈辱，心想："我这是何苦呢？放着养尊处优的太太不做，非要逞强做什么推销员，抛头露面不说，第一次推销就遇上这样没面子的事情，真是太丢人了。"她犹豫着还要不要继续做这份工作。

晚上，她跟丈夫说了自己受到的羞辱，保罗借机劝她还是不要出去了。

玛丽躺在床上思来想去，最后一个念头占了上风：我不甘心做一辈子家庭主妇，不能因为这个小小的挫折就后退服输。也许被客户羞辱就是上帝设置的考验。如果就此停止推销工作，失败和耻辱会缠绕我一生的。

第二天，她打起精神再次来到鱼市，找到那个鱼贩，继续推销缝纫机。鱼贩见她又来了没好气地说："你这个女人，脸皮怎么这么厚啊？还来纠缠！"玛丽半开玩笑地说："先生，我不是来卖厚脸皮的，我是来卖缝纫机的。您看您的衣服破了，我想您的妻子一定想让您体体面面地面对顾客，所以我想您家里一定需要一台缝纫机，好让您带着她的手艺，光鲜地站在众人面前。"

鱼贩听完玛丽的话，脸上的表情慢慢地温和起来，玛丽趁热打铁，介绍起了公司产品的优点。经过几天的努力，那个鱼贩终于决定购买她的缝纫机，并为自己的行为向她道歉。

玛丽厚着脸皮拿下了自己的第一单生意，这让她的信心倍增。面对各种各样的挑战，她不再矜持犹豫，而是坦然自信地解决，业务越做越大，创造了连续 15 年推销成绩第一的佳绩，成为名扬全美的职场励志名人。

玛丽对记者说："厚脸皮不等于不要脸，而是一种放下矜持和犹豫的勇敢和坦然，只有胸襟广阔，自信智慧的人才能做到，而这些足以改写你的人生。"

我不知道大伙读了这个故事是什么想法，我初看到这个故事时，情绪颇有波动。每个人的成功都不是轻而易举的事情。玛丽能保持 15 年推销成绩第一的佳绩，并不是她运气好，不是没有遇到困难，而是遇到困难时，她有比常人更能坚持的毅力。

她用她的"厚脸皮"向世人宣誓：只有放下矜持和犹豫，坚持自己的梦想，勇敢地与阻力抗战，才能把一个个不可能换成一个个神奇的可能。

玛丽能做到的，为什么别人就做不到呢？这真的很难很难吗？其实不是，我们不是输给了困难，而是败给了自己。我们逃走了，我们放弃了！

遇到阻力时，我们不要过早给自己下定论，觉得自己不行，觉得我们选择的道路走不通。这个世上没有闯不过的难关，关键是看你自己的抉择，是坚持走下去，还是犹犹豫豫地转身。每个人的人生都只有一次，选择用什么样的方式来度过自己的人生，给自己什么样的奖励全在于我们自己的选择。

　　成功爱的是不放弃的你，想拥抱梦想的第一课，就得学会坚持。这不是太难的事情，就看你是不是可以放下重重顾虑，让自己果断地走下去！

5.告诉自己，我期待的未来并不遥远

有人说，上帝关上一扇门时，常常会为你打开一扇窗。当我们遭遇挫折时，一定不要轻言放弃，因为成功总在转角处，失去一次机会，还有更大的机会在前面等着你。

没有谁的人生是一帆风顺的，我们不要期望命运给予我们厚爱，那是不切实际的想法，这样的想法只能存在小时候的童话里，而现在我们长大了。我们要做的不是等待幸运，而是在身处不幸时，给自己动力，告诉自己，我要的未来并不遥远，一定要坚持下去。

是的，只要我们努力去做，坚持我们最初的信仰，我们就会距离我们向往的未来越来越近。

越挫越勇的人是很少的，在遭遇一次次的挫败后，我们中的大部分会对自己最初的想法产生怀疑。如果放任自己沿着这条思绪下去，就会越来越无助，越来越没信心，万一遇到泼冷水了，那么梦想就直接变成死灰。所以，我们不能任由不良的情绪在我们体内蔓延，必须及时地暗示自己梦想并不遥远，坚持一下，再坚持一下就是我们向往的未来。希望在，梦想才在，才会在经历一次次挫败后，还能一次又

一次勇敢地站起来。

我们一起来看一个故事。

那年，罗伯特满怀信心地来到纽约一家夜总会应聘，他从小就跟母亲及玛尔戈利斯学习声乐，加上独特的嗓音，在一个小小的夜总会担任主唱，应该绰绰有余。按照招聘方的要求，每个应聘者都必须试唱一首歌曲，虽然罗伯特对自己的演唱功底毫不担心，但他还是精心地准备了一番，毕竟这是他职业生涯的开始，何况他还要靠这份工作生活。

试唱那天，罗伯特的表现还算不错，尽管没有达到完美无瑕的程度，但和其他应聘者比起来，优势还是十分明显。考官也非常满意，打算立即录用他，然而，节目导演早有内定人选，其他人员不过是陪衬罢了。对于这种不公平的竞争，罗伯特非常生气，他找到节目导演理论，要他说出一个不雇用他的理由。节目导演轻蔑地说："年轻人，我没有心情给你解释，你歌唱得好又怎样，我们庙小，容不下你这尊大菩萨，有本事你去大都会歌剧院啊！"

大都会歌剧院是一个具有领导地位的世界级歌剧院，创建于1880年，是纽约林肯表演艺术中心的核心部分，融古典与现代于一体，规模宏伟，人才辈出，是所有搞音乐的人的梦想。当然，节目导演只是挖苦罗伯特，他并不认为罗伯特有这方面的潜质。

初次求职就遭到这样的羞辱，罗伯特沮丧之极，他甚至想到过放弃。不过，一向坚强乐观的他很快就冷静了下来，他决定把这次教训当作人生中的一个小插曲。他想，那个节目导演说得对，何必把青春浪费在夜总会这样的小地方呢？自己是一只雄鹰，得向更高、更远的目标进发——大都会歌剧院。

经过一年多的刻苦训练，罗伯特带着自己的雄心壮志来到了大都会歌剧院。这一次，他的演唱非常成功，赢得了评委们的一致好评，顺利地成为大都会歌剧院的签约艺人。1945 年，罗伯特获大都会歌剧院广播演唱比赛奖，同年他受邀出演《茶花女》中的男中音主角，接着他又饰演了斗牛士、瓦伦丁、费加罗、弄臣、恩里科、罗德里戈、雅果、斯卡皮亚等多个角色，成为大都会歌剧院最受欢迎的演员之一。随后，罗伯特的足迹遍及欧美，他以畅达嘹亮的嗓音、真挚生动的感情打动了亿万听众的心，成为美国最负盛名的男中音歌唱家。

每每忆及那段往事，罗伯特总是激动地说，感谢那次拒绝，要不然，大都会歌剧院的门永远也不会为自己敞开，或许自己现在还是夜总会里一位名不见经传的歌手，每月拿着几百美元的薪水。

有人说，上帝关上一扇门时，常常会为你打开一扇窗。当我们遭遇挫折时，一定不要轻言放弃，因为成功总在转角处，失去一次机会，还有更大的机会在前面等着你。

罗伯特的故事告诉我们，小失败并不影响后面的大成功。一个人只要有实力，即便这次依然面对失败，也没有关系，你要的未来并不遥远。千万不要被负面的情绪影响了，让自己原本沸腾的心冷却下来。

这个世界是很公平的，我们不要被眼前的失败迷乱了自己的眼。那些失败只是我们迎向成功之前的小诱惑罢了，对我们的人生没有太大的影响。我们要做的是要持之以恒，让自己变得更强大，更优秀，错过了一次机会，还有下次机会，每经历一次就离自己的梦想更近了一步。

挫折也是一种必不可少的人生历练，会让人变得更优秀。经受挫折的过程，恰恰也是你升华自己的过程。我们应该积极地看到挫折带给我们的益处，而不是一时的伤害。

美国淘金热的时代，吸引了成千上万做黄金梦的人。有些人不惜变卖自己的全部家财，离乡背井，跑到美国去淘金。

有一个异乡人，也把自己在英国家乡的田地卖掉了，只身跑到美国最热门淘金的地方，希望能找到金矿后衣锦还乡。

他首先在当地买了一间屋做栖身之所，安顿之后，便开始他的寻金旅程，每天早出晚归，非常辛苦地到处找寻金矿。开始时，他还是满怀希望，相信很快便能找到金矿。可是，日复一日，年复一年，他从一个壮健的中年人，渐渐变成一个老年人，他找寻金矿的事业还是毫无进展。

最后，到他临死时，他的寻金梦终于成为泡影，而他亦客死异乡。当他的后人来到他居住的房子，看过他多年来找寻金矿的记录，发觉他除了自己的房子之外，其他四周的土地几乎都挖掘过，始终一无所获。

他的后人灵机一动，何不尝试挖掘这间房子的地底，看看有没有新发现呢？终于，他们在这间房子的地底，找到当时美国最大的金矿，完成了这个异乡人未完的心愿。

这个异乡人到死都不知道，原来他要的未来和他如此接近，他却触手不及。这是多大的悲哀！

所以，我们不要被事物的表面影响我们的判断力，不管我们遭遇了什么，这些都是我们必须经历的过程。失败肯定有失败的理由，那不是为了打击我们的信念，而是为了激励我们变得更强大。

很多时候，就像这个故事中的遗憾一样，你要的未来离你并不遥远，换个视角就是一个不同的答案。但偏偏是，我们被失败打倒了，不愿再起来。我们不知道，成功已经离我们很近了，只要我们忽视这次失败，再次站起来伸出手就够了。这样的遗憾是没有谁愿意看到的。遇到挫折时，我们要学会多给自己一次机会。再难过，再痛苦，也要告诉自己，我要的未来并不遥远，一定要坚持下去！

6.别着急，属于你的岁月终将给你

你完全不需要过分担忧前景，更不需要质疑自己最初的选择。只要努力迎着目标，不断完善自己，属于你的岁月终将给你。时间不是来考验你的意志。它只是让你完善自己，有个美好的结局。

张爱玲有句名言：成名要趁早。这句话对年轻的我们来说，无疑是很有吸引力的。在最短的时间取得最大的成就，功成名就时，我们还很年轻，怎么想怎么都是美事一桩。

是的，把梦想推前，是符合我们急于求成的心理了。但是，这真的是最适合我们的节奏吗？我们一定要明白一个真相：我们向往的未来，之所以美丽，是因为和我们有一段距离。这段距离并不是抬脚就能跨越。需要足够的时间去经历。

那是一个过程。只有经历了这个过程才能让我们达成所愿。所以，我们不要急于把理想端到自己面前，要懂得给自己追逐梦想的时间。那不是浪费，而是资本的积累，就像刚买的新房子一样，今天买一个物件，明天买一个物件，买到差不到时，就可以安心入住了。而不是急于搬进去，买了床后，才发现地毯还没有铺。

急不能加快我们的进度，那些比我们先入新家的人，不一定比我们先舒适。相反地，脚踏实地地一步步进行，才不会手忙脚乱。

比尔·拉福是美国当代著名的企业家。

比尔从商的志向来自于父亲，他的父亲在商界摸爬滚打多年，却始终没有取得什么骄人的成绩。受父亲影响，比尔从小就立志要做一位成功的商人，更何况他的父亲也认为机敏果断、敢于创新的他，非常具有从商天赋，所以一直鼓励他去读经济或商贸类的大学。

让父亲没想到的是，比尔高中毕业后，却来到麻省理工学院学习工科中最基础最普通的机械制造专业。比尔的父亲生气地指责他："你一定是忘记了自己的理想！要知道，你并不想做一名出色的工人，而是要做一位成功的商人，你为什么不读商业贸易反而要来学习机械制造呢？你这不是向理想努力，分明是把理想推得更远了！"

比尔不赞同父亲的观点，他觉得适当把理想推远一点是正确的。因为工业商品在商贸中占了绝大多数，如果不具备工科知识，就不能准确把握产品的性能、生产制造等各方面的情况，将来很难保证能在经商中占到优势，更何况学习工科不仅能增强工业技能，还能帮助一个人养成严谨求实的思维能力，培养一种脚踏实地的工作态度，这些素质都是经商所不能缺少的。

听了比尔的解释，父亲明白了他的想法，比尔也得以留在麻省理工学院继续读书。在4年的大学时间里，比尔没有拘泥于本专业，他同时还涉猎了化工、建筑、电子等方面的基础知识。毕业后，立志从商的比尔并没有立刻带着这些知识投身商海，而是考入了芝加哥大学攻读经济学的硕士学位。这期间，比尔掌握了大量的经济学知识，明白了决定商业活动正确性的众多因素。

取得学位后，按理说比尔应该可以向理想进发了，可是他不仅没有立刻下海经商，反而把理想推得更远了。他又花了3年的时间进入私人学校学习法律知识，之后又进入了一所法学院旁听法律课程，同时他还学习了一些关于微观经济活动的专业经济学以及企业管理知识。完成这一切后，比尔考进了政府部门。这时，他的父亲终于忍不住了，指责比尔已经彻底忘记了自己的理想，并提醒他应该努力让自己成为一名成功的商人，而不是去从事政治。

比尔有自己的想法，因为经商必须要具备很强的交往能力，要想在商业上获得成功，必须深谙处世规则，善于人际交往。这种能力是在任何学校都学不到的，只有在实践中才能磨炼出来，而磨炼这种能力的最佳去处就是政府部门。比尔在政府部门一干就是5年，他在工作中培养出了深思稳重、沉着冷静的个性。

5年的政府工作结束后，比尔开始慢慢向商业靠近，他应聘到一家公司开始熟悉商情与商务技巧。因为表现突出，两年后，公司打算出高薪让他担任副总经理，但比尔却辞职了。他意识到是时候正式向自己的理想迈进了，随后，他开办了自己的拉福商贸公司，这时，比尔35岁了。

因为比尔的准备工作实在太充分了，在接下来的商务交际中，他几乎能考虑到每个细节，能应对一个合格的商人应该能应对的一切，并且能够嗅到各种商机，避免各种法律纠纷。他之前所学的每一种知识和所做的每一步准备，都在他之后的商业活动中发挥出了不可忽略的作用，让他的生意进展得异常顺利。

也正因此，在此后 25 年时间里，比尔的公司从最初 20 万美元的资产发展成了现在的 200 亿美元，他也成了美国商业圈的一个神话人物。

对于比尔的成功，2011 年诺贝尔经济学奖得主托马斯·萨金特就曾在一本书中这样评论："急于求成在很多时候往往是欲速则不达，而适当推远理想反而是一种备战人生的最佳方式，比尔所拥有和依赖的，就是这种独特的智慧！"

比尔从小就想成为一个成功的商人，可是，在通向这个目标的道路上，他几次三番地打破常规，不断把距离拉长。从选择大学专业开始，就偏出经济商贸之类的专业，故意把梦想推远。他利用推远梦想的时间，从机械化工、电子乃至法律，差不多把经商需要涉及的部分，都亲历了一把，熟悉了一番，才不急不躁地正式走进商业圈。

很多人都不理解他的做法，可恰恰就是这样一次次把梦想推远，才最终铸就他的成功。

很多时候，我们太在意时间，在期望的时间段中没有获得自己向往的成功，就失去耐心，开始急躁慌乱。尤其是看着身边的人一个个先于自己拥抱梦想时，不平几乎会把自己压垮。难道自己被上苍遗忘了？难道自己不能成功？难道自己选择错方向了？

其实，你完全不需要过分担忧前景，更不需要质疑自己最初的选择。只要努力迎着目标，不断完善自己，属于你的岁月终将给你。时间不是来考验你的意志。它只是让你完善自己，有个美好的结局。

相信自己，坚持走自己的路。不管花费了多少时间都不要着急，属于你的总会来临。

7. 你正在变成更好的自己，剩下的就交给时间

这个世界不会亏待任何一个很好很优秀的人，如果你还离你的目标有一段距离，不是运气不佳，而是你还没有足够优秀而已。这个时候，我们需要的不是气馁，而是如何顶着压力，让自己更为优秀。

没有谁生下来就很优秀。每个人都是从一无所知开始，优秀是时间积累出来的，在某个领域懂一点，再懂一点，继续懂一点，懂很多很多时，你就是这个领域中的优秀者。当你被某个领域认同时，你要的未来就在你脚下了。

所以，当我们变得足够优秀时，我们就能拥有我们向往的生活。而在之前我们必须承担不够优秀才导致的失败。那不是生活赋予我们的磨难，恰恰相反，那是生活督促我们进步的皮鞭。它用活生生的失败告诉我们，我们还得努力，我们还得进步，我们必须得成为更好的自己。

所以，不管我们现在面对的是什么样的失败，经历了多少次的失败，我们都应该庆幸，虽然我们失败着，但是我们在失败中变得强大起来。失败不是失去，而是在积累失败的经验，知道自己的弱点是什

么，可以从什么地方补救，如何克服自己的弱点，下次遇到这种问题时应该如何解决。

我们应该善待失败，不要恐惧失败。这个世界上没有简简单单一蹴而就的成功。只有经过失败洗礼，才能变得更好、更强。

你负责变好变强，时间会负责你的成功。

他出生在加拿大的一个普通农家。说实话，父母对他也没抱太多的奢望，只希望他能健康成长，然后再按部就班地读书、工作、结婚、生子。然而，就连这个小小的愿望，他也很难达到父母的要求，因为他出奇得"笨"。

上幼儿园时，老师教孩子们做手工，其他孩子一教就会，可他在老师手把手地指导下，连学两天仍没学会，老师对他只能无奈地摇头。上小学时，尽管他很用功，然而他的成绩总是在全班倒数一二名的位置上徘徊，同学们便给他取了一个绰号"笨笨"。他本想与同学理论，可面对大家机关枪似的冷嘲热讽，他的语言表达能力实在跟不上，只能一个人躲在教室的角落里，偷偷地流泪。虽然他的成绩一直很糟糕，父母仍省吃俭用供他上学，可随着课程深度的增加，他的压力越来越大，性格变得更加内向了。父母看在眼里急在心上，没办法，只好带他找心理医生。

经过几天的心理疏导，医生告诉他的父母："孩子的情商、智商都没有太大的问题，关键是以后不要再一味地去指责孩子成绩差这一缺点，这本身就是他的自卑所在，希望你们多发现他的长处并加以表扬。"后来，医生又单独对他说："其实，每个人从出生到长大，身上都有自己的独特之处，只要善于利用和开发，总有一天你会发现属于你的才能，到那时，你的父母就会为你感到骄傲。"

听了医生的建议，他和父母商量不再去上学了，因为他实在不是读书的料。他居住的小镇不大，一时很难找到像样的工作，唯一适合的工种就是给别人家的花园除除草种种花什么的。对他来说，能有这样的工作干也是不错的，于是，他便一门心思地做起了园丁的工作。

虽然他不太聪明，但做起事来相当认真，雇主安排的脏活累活，他总能保质保量地按时完成。与花花草草接触的时间一长，他仿佛与它们成了朋友一般，只要有空，他就来花园精心地侍弄它们。后来，雇主惊奇地发现，经过他的培育，花园里多年不开的花开了，多年不见长的树长高了，人们开始对他竖起了大拇指，亲切地称他为"神手"。面对大家的赞许，他第一次羞涩地露出了笑脸。雇主的表扬给他带来了无限的动力，以后他更是把大量的时间花在了花园里。

有一天，他下班绕道回家，正好路过镇政府，看到政府楼后面有一块荒地，心里顿时激动不已。第二天，他走进镇政府，向镇长自荐说："镇长先生，你可以把政府楼后面的那块荒地交给我打理吗？我可以把它变成一座花园！"

镇长看了看这位其貌不扬的年轻人，满脸的不信任，说道："镇里哪有闲钱去弄这些花哨事！"

"镇长先生，我不要镇里的一分钱，我只喜欢干这些活儿！"他激动地说。在他的一再恳求下，镇长思忖着那是一块荒地，暂时也没多大用处，倒不如让他先试试，并给他开了张许可证。

几个月后，原来杂草丛生的荒地，竟然变成了一座美丽的小花园：各种花朵竞相开放，蝴蝶漫天飞舞。这里的美景吸引了全镇人的目光，大家开始知道了这个名叫约翰尼·马丁的年轻人。

现在，约翰尼·马丁已是加拿大一家著名园艺公司的总裁，他的业务遍及加拿大的各个地方，所到之处，他都会用自己的一双"神手"为当地人留下一片奇丽的美景。虽然他的语言表达能力仍不是很强，也仍然弄不懂几何、代数，但他已经用自己的实际行动，让年迈的父母为儿子在园艺事业上取得的成绩感到了骄傲。

其实，世上本无"笨"与"不笨"、"聪明"与"不聪明"之分，只要能勇敢执着地朝着某个方向努力，你一样能活出自己的精彩，约翰尼·马丁的"花园人生"便是很好的证明。

一个在普通农民家庭诞生，被老师和同学认定为"笨孩子"的约翰尼·马丁，选择了"园丁"这个行当，整天与花花草草为伍。在别人眼里可能异常平凡的一份工作，他却异常认真，只要有空他就精心侍弄花草。当一个人十分投入地做一件事时，绝对会让自己变得越来越好。约翰尼·马丁也不例外，他在不断侍弄花草的过程中，最终用他的神手为自己创造了一个"花园人生"的神话。

这个世界没有什么不可能的事情。当你有了梦想，决定去做某件事时，只要坚持你的初心，勇敢执着地向着这个目标，不断要求自己做好它，要求自己做得更好，你就会变得越来越好。

这个世界不会亏待任何一个很好很优秀的人，如果你还离你的目标有一段距离，不是运气不佳，而是你还没有足够优秀而已。这个时候，我们需要的不是气馁，而是如何顶着压力，让自己更为优秀。

你正在变成更好的自己，剩下的就交给时间。终有一天你会发现原来一步步认真走下来，就能走到我们向往的未来！

8.有件事必须做，那就是承受住成功之前的寂寞

这个世界是很公平的，我们看到的是我们面临的挫折磨难，甚至是被我们自己放大的挫折磨难，因为我们正经历着这些，正饱受着它们带给我们的压力和痛苦。但是，这不能证明别人没有经历这些，没有受到过这些痛苦。不管是谁，成功之前都是寂寞的。只有承受住成功之前的寂寞，才能走向成功。

一个人成功前的努力，只是属于自己一个人的过程，再激昂的斗志，再大的挫折也只是自己一个人的事。别人仰慕的只是你成功之后的光环，至于之前遭受的种种，绝对不是大众关注的内容。所以，在成功之前，你需要做的就是承受住成功之前的寂寞，不要指望若干人给你打气减压。成功前，你的生活只是你自己的。成功后，你的生活才会被重视。

同样，我们总能看到别人成功之后的风光，却看不到别人成功前经受的压力与苦难，不是别人没有经历这些，只是这些远在别人成功前，那时我们还没有过多的精力去关注罢了。

这个世界是很公平的，我们看到的是我们面临的挫折磨难，甚至

是被我们自己放大的挫折磨难，因为我们正经历着这些，正饱受着它们带给我们的压力和痛苦。但是，这不能证明别人没有经历这些，没有受到过这些痛苦。不管是谁，成功之前都是寂寞的。只有承受住成功之前的寂寞，才能走向成功。

时常听到有人抱怨生活不公，说自己如何艰辛，如何坚持地一路走来，以为这次可以成功，却还是一败涂地。可是别人却轻而易举地把本属于自己的成功拿走了。

说的人激情愤慨，听的人唏嘘感叹。用抱怨换来的同情于自己于事无补！何况，你凭什么断言别人是轻而易举，在别人的成功背后，也有着被你忽视掉的诸多失败落寞。

任何时候，我们都要明白抱怨无济于事。我们要做的是，承受住成功前的寂寞，以积极乐观的心态改进投入，努力争取下次成功。

2013 年 4 月，盲人郑建伟被英国名校贝尔法斯特女王大学录取的消息，很快传遍了重庆黔江区的大街小巷。郑建伟是一个什么样的人？他双目失明，却能考上英国的名校，其中有什么秘诀吗？一时间，郑建伟成为人们热议的中心。

郑建伟今年 30 岁，是重庆黔江区中医院针灸科的一名普通的医生。他属于先天性失明，自打出生以来，没有见到过一丝光明，但这并不影响郑建伟对美好生活的向往。从 7 岁开始，小小年纪的他就离开父母，一个人到重庆盲校就读。初中毕业后，他又辗转来到山东省青岛盲校读高中。2001 年，考入长春大学特殊教育学院，成了黔江区第一个盲人大学生。

2006 年大学毕业后，郑建伟进入黔江区中医院，成了一名医生。

在医院里，郑建伟工作很努力，也很出色。院里考虑他是盲人，行动不方便，在分配工作任务时，尽量照顾他，但郑建伟坚决不同意。通过努力，他的针灸技术十分出色，推拿手法，更是深受患者的欢迎。

在医院工作的 3 年里，有一个想法始终在郑建伟的大脑里挥之不去，并且越来越强烈，那就是读研究生。但是，国内没有招收盲人研究生的学校，要读研究生，唯一的办法就是出国。而出国最大的拦路虎就是英语。而郑建伟的英语水平只达到会说"我的名字叫郑建伟"这样的程度，能行吗？经过激烈的思想斗争，2009 年 10 月，性格倔强不服输的郑建伟决定辞职，在家自学英语准备考雅思。

郑建伟的辞职引来周围人们的不理解，有人说："一个盲人，能找到一份固定的工作，已经不错了，瞎折腾什么呀！"也有人说："真是自不量力，想出名吧！"面对人们的冷嘲热讽，郑建伟不做任何解释。他只要认定了的事，就会义无反顾。

对于郑建伟来说，学习英语遇到的困难不是一般人能够想象得到的。不说别的，要找到合适的学习材料就颇费周折。他拿着《新概念英语》，四处寻找可以将教材打印成盲文的地方，但都碰了壁。没有资料，学习就无从谈起，那一段时间，郑建伟因为着急上火，嘴里都起了泡。

有一天，他听说重庆图书馆能够做这方面的工作，就抱着试试看的心态打了电话。重庆图书馆在了解了郑建伟的情况后，深为感动，爽快地答应免费为他打印学习资料。这让郑建伟十分感激，无形中也给他增添了力量。

走进郑建伟的家，就会看到在他的床头两侧，摞着两摞半米多高的英语学习材料，翻开来，厚实的牛皮纸上打印着密密麻麻的凸点和凹点。凸出的小圆点是盲文，郑建伟就是日复一日地用手触摸凸点，进行英语学习，时间长了，手指头竟起了一层厚厚的老茧。

除了牛皮纸自制的学习材料，郑建伟还得依靠读屏软件。但读屏软件只能读取 word 文档或者文本文档文件，对于图片格式和 PDF 格式，郑建伟是一窍不通。可是最新的雅思练习题和参考书只有纸质版，郑建伟只得请家里人用扫描仪一页一页地扫到电脑中，再从 PDF 格式转换为读屏软件可以识别的 word 文档。转换的过程中会经常出错，郑建伟的父母就成了"校对员"，这事做起来尽管很麻烦，但是一家人没有一个有半句怨言。

就这样，从 2009 年底开始，郑建伟依靠摸和听，每天用五六个小时学习，英语水平有了质的提高。从 2011 年 9 月到 2012 年 9 月，他三次走进雅思考场，成为西南地区首位雅思盲人考生。雅思考试满分为 9 分，郑建伟首考成绩为 6 分，第二次为 6.5 分，第三次为 6.5 分，按照规定，凡是成绩在 6 分以上的考生，就可以申请英国、澳大利亚、新西兰等国家大学与学院的课程。于是，郑建伟向利兹大学、贝尔法斯特女王大学等六所国外大学递交了入学申请，并最终如愿以偿。

当有人问郑建伟，医生工作看起来挺不错的，为什么会想到要辞职考雅思，去国外深造呢？郑建伟的回答出乎人们的意料，他说："人生是一棵向上的树，尽管树会有弧度，会倾斜，有时甚至会面对狂风暴雨的摧残，但它始终是努力向上的。"

郑建伟，一个盲人，在他毫不犹豫地选择放弃可以确保他衣食无忧的生活，去追寻自己的梦想时，有几个人能看好他的未来？可想而知，在那段日子里，他得背负多大的压力，得依靠多大的信念来支撑，才能一天天地走下来。

这样的寂寞并不是三言两语就能抹去的，但是他却一沉寂就是几年。在寂寞中潜伏，经受过的压力，恐怕不是简短的几行文字就能描述的。最终获得了质的飞跃，获得了他的成功。

我们都知道黎明来临前的黑暗是黑得最浓郁的。但是即便知道，又有几个人能顶住黑暗带给我们的压力，毫无怨言地享受黎明来临前的寂寞呢？

这个世界上没有人不向往成功，不喜欢成功，但是那么多人喜欢成功，能坚持到成功的有几个呢？为什么这么多人没能坚持到最后呢？

成功真的有那么遥远吗？

其实，成功并不遥远，拥抱成功需要的只是你要足够坚持。没有谁会明确地告诉你，你距离成功还有多长的距离，你再坚持几天就能成功。我们就像关在黑匣子里的小虫子，不想被黑暗打败，就得学会享受一个人的黑暗，再黑暗如何，再寂寞如何？要始终如一地抱着一个信念：不管我们现在在经历什么，都只是通往成功的一个站点，我们一定会成功的。

你想成功，有件事必须要做，那就是承受住成功之前的寂寞。

第二章
尚未成功，只是你依然不够努力而已

　　你只要依旧沿着梦想之路往前走，就只是还没有成功，而不是已经失败，就只是你尚未足够优秀到拥抱成功的地步。没有拼搏就没有优秀！每一个优秀的人，都有一段拼搏的时光！你需要忍常人不能忍，坚持常人不能坚持的，积累自身的资本，积攒能量，储备实力，让自己足够优秀起来，才能迎来最后的成功。

1. 人生没有捷径可走，要成功先要习惯跌倒

成功只是一个结果，那是盛开给别人和自己看的。盛开前的过程才是自己必须要去做的。不管在这个过程中我们遭遇了什么，任何时候我们都不要轻言放弃，我们的确经历了很多的"NO"，但是，这些个"NO"，恰恰就是开启"YES"的过程。

成功是没有捷径可走的，成功必须借助勤奋，在经历一次又一次的失败后，鼓足劲再来，成功才能最终到来。

这个世界不缺聪明人，但是即便再聪明的人想成功也不是躺在床上，动动脑筋就能完成的事。你必须把想法付诸行动，一步步谋划，一步步努力，经历挫折，经受打击，才能迎来成功的曙光。

你想成功，却不想早起，不想晚睡，不想勤奋……只想却没有付诸行动，那么你能成功吗？

所以还是那句话，人生没有捷径可走，要成功先要习惯跌倒。必须有了这样的认知，才有希望获得成功。

一群年轻人常常结伴在一泓深潭边钓鱼。令他们奇怪的是，有一个渔夫总是在潭边不远的河段里捕鱼，那是一个水流湍急的河段，雪

白的浪花哗哗地翻卷着。

年轻人都觉得这渔夫很可笑，在浪大又那么湍急的河段里，怎么会捕到鱼呢？有一天，有个好事的年轻人终于忍不住了，他放下钓竿去问渔夫："鱼能在这么湍急的地方停留吗？"渔夫说："当然不能了。"年轻人又问："那你怎么能捕到鱼呢？"渔夫笑笑，什么也不说，只是提起他的鱼篓往岸边一倒，顿时倒出一团银光。

那一尾尾鱼不仅肥，而且大，一条条在地上翻跳着。年轻人一看就傻了，这么肥这么大的鱼是他们在深潭里从来没有钓到过的。他们在潭里钓上来的，多是些很小的鲫鱼和小鲦鱼，而渔夫竟在河水这么湍急的地方捕到这么大的鱼，这是为什么呢？

渔夫笑笑说："潭里风平浪静，所以那些经不起大风大浪的小鱼就自由自在地游荡在潭里，潭水里那些微薄的氧气就足够它们呼吸了。而这些大鱼就不行了，它们需要水里有更多的氧气，没办法，它们只有拼命游到有浪花的地方，浪越大，水里的氧气就越多，大鱼也越多。"

渔夫又得意地说："许多人都以为风大浪大的地方是不适合鱼生存的，所以他们捕鱼就选择风平浪静的深潭，但他们恰恰想错了，一条没风没浪的小河里是不会有大鱼的，而大风大浪恰恰是鱼长大长肥的唯一条件。大风大浪看似是鱼儿们的苦难，但这些苦难却是鱼儿们的天然给氧器啊！"

大风大浪这些"苦难"是鱼的"给氧器"，而那些人生坎坷和困苦是不是我们人生的"给氧器"呢？我们总是在为自己营造和寻觅人生的风平浪静，我们总是在为自己追寻生活里的和风细雨，我们是不是静潭里的那一尾尾小鱼呢？

　　水流湍急浪花飞溅之处出大鱼，那么，命运沉浮遭遇坎坷将砥砺出巨人。

　　看看，大鱼不是在风平浪静中安详长成的，必须在大风大浪中拼搏，不断为自己争取氧气，才能茁壮成长。

　　我们不能有长成大鱼的梦想，却只有小鱼的做派。别说长不成大鱼，就算长成了，还是会缺氧！所以任何时候都不要存侥幸心理。人生没有捷径，诚然，"累"——在很多人眼里是苦难，但是没有苦难的洗礼，又凭什么展翅高飞？我们不能奢求一边安谧一边沸腾。这个世界没有不付出就能收获的美事。

　　这个世界没有天上掉馅饼的美事儿，想成功，必须付出。想成功几许，必须付出几分。累，不是最终目标，而是为了这个目标不得不经历的过程。

　　1822年的一天，英国物理学家迈克尔·法拉第在实验室做实验。一个叫亨利的年轻人找来，想拜他为师。法拉第最终被年轻人的诚心打动，让他留下来做助手。

　　法拉第拿起一个本子，指着一套设备告诉亨利："我正在研究磁能否产生电，你以后每天给它通上电，然后看磁针是否会转动，再把结果记录下来。"亨利照着做了半个月，可实验总是失败，他只能在本子上不停地写下"NO"。

　　一天，亨利不耐烦地对法拉第说："这事没什么意义！您让我做点别的吧！"法拉第摇头说："这事很重要，做成了就是重大发现。"亨利又坚持了几天，最后还是不辞而别了。

1835 年，法拉第被英国王室授予爵士称号。一事无成的亨利又来求法拉第收留他。法拉第拒绝道："这个称号本该属于你。当年我让你做的事，我坚持了 10 年，终于在电磁学方面有了重大发现。"说完，法拉第拿出一个厚厚的本子，那正是亨利当年用过的。亨利看到，在他记录的十几个"NO"后面，法拉第记下数千个"NO"，最后才是个大大的"YES"。

法拉第说："只有靠意志和坚持才能实现理想，这是我最宝贵的人生经验。"

成功的花，人们只惊艳它开时的明艳，却忽视了它奋斗时的坚持和血汗。当法拉第功成名就时，众人艳羡。其实他只是把当年亨利认为无聊的、没有意义的事，坚持做了 10 年。法拉第用自己的成功，告诉亨利，也告诉世人：只有靠意志和坚持才能实现理想。没人能随随便便成功，关键看你是否有把一件简单的事情坚持到底的毅力。

为了这次的成功，法拉第整整花费了 10 年时间。但是，与成功的光环相比，花费再长时间又如何？

法拉第用他的成功告诉我们，别急于成功，人生没有捷径可走，必须脚踏实地按部就班地。相同的事情做十年，不可怕，可怕的是明明你可以成功，但是，因为没耐心，因为害怕辛苦就早早放弃了。那才是最大的悲哀。

成功只是一个结果，那是盛开给别人和自己看的。盛开前的过程才是自己必须要去做的。不管在这个过程中我们遭遇了什么，任何时候我们都不要轻言放弃，我们的确经历了很多的"NO"，但是，这些个"NO"，恰恰就是开启"YES"的过程。

　　所以，不要去想所谓的捷径，要成功，就得有打持久战的准备。为了成功，哪怕再累，也要坚持下去。

2.你并没有失败，只是还没有成功

不管我们此刻正面临着什么，经历着什么，那些都只是设置在我们成功路上的考题，它们的出现不是给我们下最终的评论，只是对我们的一种测试，让我们知道自己还欠缺些什么，自己应该从什么地方改进，自己应该改变点什么。我们经历的那些，只是走向成功的提示牌。它并不意味着你失败，只是提醒你还没有成功。

人都是有弱点的，比如在看待成功的问题上。明明知道不可能一口吃成一个大胖子，可还是期望或许可以，也许可以。几乎所有的人都期望缩短走向成功的距离，最好是一蹴而就，一把就能抓住成功。

想法越美好，实施起来挫折就越多。然后，你不断询问自己，为什么不能成功，为什么老是失败？

其实，仔细想想，失败这词从何而来？你只是还没有成功，并不是已经失败。只要你依旧沿着你的梦想之路往前走，就没有失败可言。因为，没有谁可以断言，你不能实现你的梦想。只要实现你的梦想，你就成功了。你只是在通往成功的路上挣扎，还没能最终拥抱成功罢了。

但是如果你放弃了你的梦想，改道而行，那么就当真失败了，因为你已经没有机会再抓住这个梦想了。

既然没有失败，我们又为何放弃？为何轻易更改我们的目标？我们要做的无非只有一点，坚持下去，不要放弃！

我们一起来读读下面的一组故事：

有一次，住在田纳西曼菲斯的克莱伦斯·桑德到当时新兴的快餐店去吃饭，他看到这里生意兴隆，人们排着长龙在这里吃饭。顿时，他灵感一动：能不能在杂货店里也采取这种让顾客随意挑选物品自己包装的形式呢？随后他就把这个念头说给他的老板听，没想到却遭到了老板的大声呵斥："收回你这个愚蠢的主意吧，怎么能让顾客自己选择、自己包装呢？"

可是，桑德不肯放弃，他相信这样可给顾客一种更轻松、更自在的购物心理。于是桑德辞去工作，自己开了一家小杂货铺，并且引进了这种全新的经营理念。很快，他的小店就吸引了许多顾客，门庭若市，生意逐渐兴隆了起来。后来，他又接二连三地开了多家分店，也取得了巨大的成功。这就是当今风靡全球的超市的先驱。

一个年轻经理讲过这样一个关于他自己的故事：我被任命为发展部主任时，公司只给了我两个人，公司当时并没有具体的目标，指导着我去怎么做。我们经过详细的市场调查和分析研究后，看准了一项前景相当可观的项目，但在后来具体的操作过程中，接踵而至的困难几次使我萌生了放弃的念头，这时我突然想起了董事长给我的那封信，他让我在最困难时打开它。我于是就打开了那封信，信上只有一句话：年轻人，如果你这时已经认准了一条路，你就坚定不移地走下去，从来没有一条成功的路是别人为你走出来的。

这位年轻的经理说，就是这句话，让他渡过了那个难关，而且一直走到了今天。我们也曾闪现过和桑德一样的智慧火花，我们也许走过像年轻经理一样艰难的路，不同的是，我们最后悄然熄灭了那朵火花，黯然退出了那一程路，留下了点点滴滴失败的苦涩。

传说，上帝在造人时，顺便也为每一个人造就了一条走向成功的路。后来有许多死去的人找到上帝，说上帝欺骗了他们，因为他们至死也没有走出一条成功的路。上帝笑着对那些人说，回首看看吧，你的无数个足迹都在成功的路上，但你又无数次中途让它改变了方向。

我不知道这组故事给了你怎样的启迪，但是最初看到这组故事时，却给了我不小的震撼。不管是桑德的超市，还是那位年轻经理，或者是传说中的上帝，他们都在向我们阐述一个事实：之所以能够成功，是因为一如既往地坚持了下去！如果中途改变了方向，那就真正的失败了。

所以，我们不要惧怕成功之前的那些失败，其实，和最后的成功比较起来，那些都不能称之为失败，那只是命运对我们的考验罢了。不管我们此刻正面临着什么，经历着什么，那些都只是设置在我们成功路上的考题，它们的出现不是给我们下最终的评论，只是对我们的一种测试，让我们知道自己还欠缺些什么，自己应该从什么地方改进，自己应该改变点什么。我们经历的那些，只是走向成功的提示牌。它并不意味着你失败，只是提醒你还没有成功。

两个探险者迷失在茫茫的大戈壁滩上，他们因长时间缺水，嘴唇裂开了一道道的血口，如果继续下去，两个人就会活活渴死！一个年长一些的探险者从同伴手中拿过空水壶，郑重地说："我去找水，你在这里等着我吧！"接着，他又从行囊中拿出一只手枪递给同伴说："这里有6颗子弹，每隔一个时辰你就放一枪，这样当我找到水后就不会迷失方向，就可以循着枪声找到你。千万要记住！"

看着同伴点了点头，他才信心十足地蹒跚离去……

时间在悄悄地流逝，枪膛里仅剩下最后一颗子弹了，找水的同伴还没有回来。"他一定被风沙湮没了或者找到水后撇下我一个人走了。"年纪小一些的探险者数着分数着秒，焦灼地等待着。饥渴和恐惧伴随着绝望如潮水般地充盈了他的脑海，他仿佛嗅到了死亡的味道，感到死神正面目狰狞地向他紧逼过来……他扣动扳机，将最后一粒子弹射进了自己的脑袋。

就在他的身体轰然倒下时，同伴带着满满的两大壶水赶到了他的身边……年纪小的探险者是不幸的，因为他放弃了坚持，同时也就放弃了自己宝贵的生命。很多时候，在我们人生的道路上，面对困难和挫折，我们能够咬着牙坚持着熬过最漫长最艰难的时刻；可当成功将要与我们伸手相握时，却因为我们最终的放弃，便与之擦肩而过了。

困难的时刻，绝望的时刻，千万别轻言放弃，坚持再坚持。咬紧了牙关的人，死神也会避而远之，因为死神最害怕听到咬紧牙关时发出的咯咯声。

是的，我们不知道接下去迎接我们的是什么，尤其是看似身处绝境时。这个时候，虽然我们不会拔枪指向自己，但是选择放弃自己的大有人在。不是我们等不及最后的答案，而是我们打了退堂鼓，不愿意给自己正视最终答案的机会，怕等来的是失望。

　　就像年纪小的探险者一样，我们放弃我们的坚持，一同放弃的还有我们的最初梦想。梦想没有了，成功也就不复存在了。

　　其实我们忽视了一个真相：成功真正来临前的所有失败都不是失败，我们不需要被这些挫折乱了我们最初的心智。该坚持就得坚持，用我们坚韧的心等待最终的成功。在你想退却时，你一定要告诫自己，你并没有失败，你只是还没有成功。迈向成功的路上，还需要你不屈不挠的坚持。

3.善于等待的人，一切都来得及

短暂的失败真的算不了什么，只要我们将浮躁的情绪平复下来，悠然等待，或许就能看到之前不曾发现的机会。成功需要的不是一味地挣扎跋涉，更需要给心灵舒缓的时间。等待，是一种睿智的自我保护。善于等待的人，一切都来得及。

说起等待，我想起了不是太受人类喜欢的大蟒蛇。据说它准备吃一个庞然大物之前，它并不是虎视眈眈地盯着它的猎物，而是接连几天不吃东西，甚至还会把盘着的身躯拉直，直挺挺地躺在那儿。它是心机蛇，在它表现出如此柔弱如此无攻击性时，恰恰说明，它准备下嘴了。它在丈量自身的长度是不是足够装下那个东西，同时也在等待胃的排空，这样可以腾出地方装新食物。

所以想收获结果并不是一味地往前冲，而是要懂得在追逐和等待之间把握一个度。等待不是懦弱无为，而是一种谋略。就像勾践卧薪尝胆十年，十年的韬光养晦才成就了他的大业。还有什么比成功更有说服力呢？

在我们追逐梦想的过程中，我们要记住一句话：善于等待的人，一切都来得及。我们不要把自己逼得太紧，要给自己等待的时间。勾践卧薪尝胆十年，十年的韬光养晦才成就了他的大业。所以，等待也是一种谋略，才会让我们一鸣惊人。

他破产了，所有的东西都被拍卖得一干二净。现在口袋里的一元钱及回家的一张车票是他所有的资产。

从深圳开出的143次列车开始检票了，他百感交集。"再见了！深圳。"一句告别的话，还没有说出，他已泪流满面。

"我不能就这样走。"在跨上车门的那一瞬，他又退了回来。火车开走了，他留在了月台上，在口袋里悄悄地揉碎了那张车票。

深圳的车站是这样繁忙，你的耳朵里可以同时听到七八种不同的方言。他握着口袋里那一元硬币，来到一家商店的门口。5毛钱买了一支儿童彩笔，5毛钱买了4只"红塔山"的包装盒。

在火车站的出口，他举起一个牌子，上书"出租接站牌（一元）"几个字。当晚他吃了一碗加州牛肉面，口袋里还剩18元钱。5个月后，"接站牌"由4只包装盒发展为40只用锰钢做成的可调式"迎宾牌"。火车站附近有了他的一间租屋，手下有了一个帮手。

3月的深圳，春光明媚，各地的草莓蜂拥而至。10元一斤的草莓，第一天卖不掉，第二天只能卖5元，第三天就没人要了。此时他来到近郊的一个农场，用出租"迎宾牌"挣来的一万元，购买了3万只花盆。第二年春天，当别人把摘下的草莓运进城里时，他的盆栽草莓也进了城。不到半个月，3万盆草莓销售一空，深圳人第一次吃上了真正新鲜的草莓，他也第一次领略了1万元变成30万元的滋味。

这种花盆式草莓，让他又拥有了自己的公司。他开始做贸易。

他异想天开地把谈判地点定在五星级饭店的大厅里，那里环境优雅且不收费。两杯咖啡，一段音乐，还有彬彬有礼的小姐，他为没人知道这个秘密而兴奋，他为和美国耐克鞋业公司成功签订贸易合同而欢欣鼓舞。总之，他的事业开始复苏了，他有一种重新找回自己的感觉。

1995 年，深圳海关拍卖一批无主货物，有一万只全是左脚的耐克鞋，无人竞标，他作为唯一的竞标人，以极低的拍卖价买下了那批货。1996 年，在蛇口海关已存放了一年的无主货物——一万只全是右脚的耐克鞋急着要处理。他得知消息，以残次旧货的价格拉出了海关。

这次无关税贸易，使他作为商业奇才跃上了香港《商业周刊》的封面。现在他已成为欧美 13 家服饰公司的亚洲总代理，正在力主把深圳的一条街变成步行街，因为这条街有他的 12 个店铺。

一元钱能打造出一条街来，可是很多人认为一元钱只能买一杯水。也许正是这种认识上的差别，使世界上产生了富翁和乞丐。

一个经历了破产口袋里只有一元钱的人，却没有被目前的窘迫吓倒，固执地留在那座城。他并没有急于找之前有关系的伙伴，想着如何重整自己的事业，而是利用口袋里的一块钱，耐心地把钱一块一块累计上去。从出租接站牌，到花盆草莓，到一边顺的耐克鞋，那些在别人眼里都算不上生意的小事儿，却在他的耐心等待下，变成了 13 家服饰公司的亚洲总代理。

所以，短暂的失败真的算不了什么，只要我们将浮躁的情绪平复下来，悠然等待，或许就能看到之前不曾发现的机会。成功需要的不是一味地挣扎跋涉，更需要给心灵舒缓的时间。等待，是一种睿智的自我保护。善于等待的人，一切都来得及。

　　就像动物界的冬眠，到了天冷该冬眠时就得冬眠，耐心地睡上一觉，醒来时，春天就到了。那是大自然的法则。

4.等待是成大器者必须接受的考验

一个人的成功，绝非偶尔的运气，而是时间的积累。如何学会面对，如何学会等待，如何磨掉自己的急性子，慢慢变成能够经受等待的人。这些都需要时间去过滤。没有谁可以轻而易举地避开这个逐渐成熟的过程，像每天的一日三餐一样，看似寻常，却让我们从小孩变成了大人。

人生不会一帆风顺，随时都可能发生我们不能掌控的事情。就像五月的天气一般，阳光明媚的早晨，并不是一定会有艳阳高照的午后时光。偶有出乎意料的雨落下，也是很正常的事情。我们不应该因为一场雨就影响到我们的心情，也不需要立马就成为雨中狂跑的达人。其实下雨时，站在屋檐下避雨，耐心地等待雨停，也未尝不是一个好办法。

遇到意外事件时，最要不得的就是因为一些事超出我们最初设想的范围就手忙脚乱。慌乱解决不了任何问题。我们不能被挫折意外牵着鼻子走，要学会化被动为主动。如果现在羽翼还没有足够丰满，那么我们就收起我们的翅膀，给羽翼丰满以时间。

这不是打退堂鼓，而是缓兵之计。很简单的道理，你现在就是鸡蛋，明知道砸不过石头，为什么非得让自己粉身碎骨呢？还不如静静等待，耐心地等到自己破壳而出慢慢长大，最后飞跃而去。奔向成功的道路上，我们需要勇猛，但不需要无畏牺牲。等待只是一个让人成长的过程，我们一定要有这个耐心给自己长大的时间。

只有静下心等待，才有机会发现生活的另一个出口。

大仲马的《基督山伯爵》里有这么一句话——人类的全部智慧都包含在这两个词中：等待和希望。我们怀抱希望，坚持着我们的梦想，在梦想达成前，遭遇到的种种挫败都只是命运对我们的考验。不要慌，慢慢来。只要愿意等待，成功的曙光总会到来。

哈里森·奥肯尼是一名29岁的尼日利亚小伙。2013年5月26日，哈里森乘坐所工作的拖船"杰森4号"出海。

那天，开足马力的"杰森4号"像往常一样行驶在广阔的海面上，没有任何异样。然而，就在"杰森4号"驶离尼日利亚海岸32公里时，海面忽然掀起了巨大的风浪，船身不可控制地剧烈摇摆。

此时的哈里森正处在卫生间内，他预感到不好，正试图走出去和同伴在一起时，船沉了。惊恐的哈里森随着翻转的船身不断地下落，黑暗迅速笼罩了他。当然随同黑暗一起来的，还有海水。黑暗中，哈里森感到水面不断地上涨，他害怕极了，照这样下去海水迟早会把整个卫生间都填满淹没的。然而，他所惧怕的事情并没有发生，水面很快停止了上涨。

这是为什么？哈里森想起一定是卫生间与隔壁的办公室形成了一个气穴区域，于是他努力使自己向那侧靠了靠。黑暗不断地吞噬着哈里森，1分钟、2分钟，1小时、2小时，哈里森在冰冷的水中痛苦地煎熬着。不仅如此，难耐的饥饿和干渴也一次又一次地向他发起了挑战。哈里森觉得，死亡已经离自己越来越近了。

就在哈里森迷迷糊糊时，他仿佛看到了待在家中翘首企盼儿子早日归来的母亲。是啊，白发苍苍的母亲，却要承受丧子之痛，这将是一件多么可悲的事情。不，不，为了母亲，我一定要活着。哈里森睁开双眼，可是依然漆黑一片。

哈里森开始在黑暗中摸索，期待这个卫生间内能有奇迹出现，让他找到一点食物和水。遗憾的是，没有。是啊，卫生间怎么可能有食物和水呢？哈里森泄气了。已经浸泡在水中多个小时没有进食的哈里森显得越来越虚弱。可是，他的意识是清醒的。

哈里森开始回忆沉船前的事情。在自己之前有没有人进入过卫生间呢？对啊，尼奥进来过，这个贪嘴的家伙说不定会留下些什么呢。哈里森重新打起精神在黑暗中摸索。这次，他的手在一寸一寸地向前推进。

突然，哈里森的手碰到了一小罐硬硬的东西，他拿起来时，心中涌过一阵窃喜。哈里森两手抚摸着，天哪，是可乐，一定是可乐，尼奥最喜欢喝可乐了。哈里森欣喜若狂地拉开易拉罐，"咕咚"喝了一大口。就在哈里森张开嘴巴，打算喝第二口时，好像听到母亲的声音："孩子，慢慢喝，不急。"这个小时候上演过无数次的场景多么熟悉。哈里森掉下了眼泪，他在心里说：母亲，您知道此刻的我，有多么孤单和恐惧吗？

"为了母亲，一定要活着出去！"对于这仅有的一罐救命的可乐，哈里森决定一点一点地"享用"，以赢得时间等待奇迹出现。此刻的哈里森，没有了最初时的恐惧，他尽可能地让身体保持静止，以维持体力。这时候，哈里森听到鱼在啃食周围尸体的声音。

这太恐怖了，黑暗中被海水浸泡的哈里森，感到异常地冷。不知过了多久，哈里森又一次被饥渴唤醒。他贪婪地拿起可乐，大大地喝了一口，好甜！哈里森忽然想，或许这可乐是上帝拯救自己的礼物。求生的欲望再一次被点燃，哈里森相信，拖船失事一定会有人组织打捞的。坚持，等待，坚持！

不知又过了多久，迷迷糊糊的哈里森似乎感到一点光亮，之后有什么东西游了过来。救援，难道是救援吗？哈里森内心一阵狂喜。他集中精神寻找着光亮。就在这时，他发现有潜水员靠近，并向他伸出了一只手。哈里森兴奋极了，他立刻伸出手紧紧地拉住了潜水员，生怕错过。"天哪，活着，他居然还活着。"本以为找到的是一具遗体的潜水员喜出望外。

哈里森获救了，在 30 米深的大西洋海底，没有潜水衣等任何防护措施下被困 62 小时后生还，成为船上 12 名成员中唯一一个生还者，这简直是个奇迹。很多人知道后都说，如果你不放弃，上帝一定会来救你。

哈里森在等待中成功获救了！等待就有这么神奇的力度。

一个人的成功，绝非偶尔的运气，而是时间的积累。如何学会面对，如何学会等待，如何磨掉自己的急性子，慢慢变成能够经受等待的人。这些都需要时间去过滤。没有谁可以轻而易举地避开这个逐渐成熟的过程，像每天的一日三餐一样，看似寻常，却让我们从小孩变成了大人。

等待说白了其实就是一个自我修炼的过程，看似没做什么，其实却让自己改变了很多。只是我们总是会无意中忽视了等待的作用。觉得趁着年轻必须得做些什么，取得些什么样的成就，然后刻不容缓地把这样的想法灌输到自己的行动中，不给自己喘息的机会，不停地追、追、追，不停地跑、跑、跑，即便再苦再累也不愿停下来。

这样的执着从精神上讲是令人崇拜的，但是有时反而成了阻碍我们成功的枷锁。有时，停下脚步反而更能让我们看清目前的处境。等待机会，并不是不重视我们的理想，相反那是为了更快的成功。

我们不要让我们的信仰阻碍我们的视线，不要急于表现自己。等待是成大器者必须接受的考验。我们要有一颗可以等待的心，姜太公能耐心地等待大鱼上他的直鱼钩，我们也应该有这个耐心等待成功来敲门。

追不到成功时，我们就应该学会等待。

5.你想超越平凡的生活，注定暂时要"漂泊"

坚持下去，你想超越平凡的生活，注定暂时要"漂泊"。只要坚持这持续的奋斗，终有一天会看到成功的曙光。因为，这个世界没有谁是带着实力出生的，实力得靠自己在不断地求新、进取、进步中获得。

平凡和不平凡之间有一个大大的坎儿，一个人想要脱离平凡，必须跨过这道坎儿。就像鲤鱼跃龙门一样，必须能跳跃到一定的高度，才能迎来新生。这是必然的规律。当自己的力度不能让自己达到这个高度之前，只能屈身在平凡里面，接受漂泊的现状。当然这只是暂时的，是成功必经的历练罢了。

一个人可以有漂泊的时光，但是这时光不是让你用来想象和虚度的，是让你用来积累自身资本的，锻炼自己的。成功了就开启了非同一般的人生，失败了再接再厉，重新再来。所以一个人想超越平凡的生活，得学会在漂泊时积累自己的实力。漂泊不是失败，是给你积攒能量的时间，给你储备实力的空间。

我们不要被漂泊打败，扔下我们的梦想慌不择路地逃跑。那样就偏离了我们的初衷。

坚持下去，你想超越平凡的生活，注定暂时要"漂泊"。只要坚持这持续的奋斗，终有一天会看到成功的曙光。因为，这个世界没有谁是带着实力出生的，实力得靠自己在不断地求新、进取、进步中获得。

杰克·伦敦出生在美国旧金山一个贫困家庭，他从小就有一个梦想，那就是将来做一个伟大的作家。然而不幸的是，杰克·伦敦没有良好的家庭环境，家中既无读书之人，也无经典藏书，更无一个可以引路的老师，他唯一有的就是一颗火热的心。

10岁那年，杰克·伦敦家中惨遭变故，他不得不离开了美丽的校园，小小年纪就挑起了生活的重担，每天奔跑于大街小巷，靠卖报纸赚取些钱补贴家用。随后，杰克·伦敦又来到一家罐头厂打工，每日重复着简单、机械、枯燥的工作，但这一切并未改变他的初衷，只要一有时间，他就一头扎进书海里。没钱买书，他就跟别人借，或是跑到免费公共图书馆"饱餐一顿"。遇到好的词句，他就立刻写在随身携带的小本子上，为了方便记忆，他还把这些东西制作成卡片，贴在床头，插在镜子缝里，挂在晾衣绳上。

在24岁以前，杰克·伦敦一直过着半工半读的生活，直到有一天，他觉得时机成熟，便义无反顾地走上了写作之路。可是，一切并非如他想象的那般顺利，虽然他的作品质量相当不错，但寄出去的稿子还是一篇接着一篇地被退了回来。杰克·伦敦的心情十分郁闷，他实在想不通，为什么自己付出了艰苦的努力，却得不到任何回报。在遭遇了一连串的失败打击后，他的内心不禁有几分动摇，难道自己真的不适合写作吗？

那天，杰克·伦敦来到一个采石场散心，见一个工人正敲打着一块石头。工人挥舞着有力的双臂，一锤接一锤地敲打着石面，不时可以看到点点火星。尽管那位工人十分卖力，可石头怎么砸也砸不烂，敲打了十几下后，他已挥汗如雨。杰克·伦敦心想，这位工人实在太傻了，继续砸下去，可能也不会有什么结果，与其这样，不如放弃。然而，让杰克·伦敦目瞪口呆的是，当工人敲到第 32 锤时，石块"砰"的一声断裂了。那一刻杰克·伦敦的心灵受到了极大的震撼，他一下子明白了，原来做何事情都不可能一蹴而就，需要不断地努力，就像砸石块的工人，他前面锤的那 31 锤看似无用，实则已一点点地破坏了石块的内部结构，换句话说，他每砸一锤就离成功近了一步。虽然他的作品一次次遭到退稿，但这并不证明自己的努力没有作用，只要坚持下去，总有一天会成功的。

抱着这样的信念，杰克·伦敦夜以继日地耕耘着，每每有什么体悟，或是完成了一篇作品，他的心里总有一种自豪感，因为他知道自己离梦想又近了一步。就这样，杰克·伦敦一年又一年地坚持了下来。功夫不负有心人，1900 年，杰克·伦敦终于冲破了层层迷雾，见到了久违的阳光，他出版的小说集《狼子》获得了巨大的成功，在国内外引起了不小的轰动。随后，他又出版了《野性的呼唤》、《海狼》、《白牙》、《马丁·伊登》等 50 余部作品，成了享誉全球的高产作家，被誉为"美国无产阶级文学之父"。

杰克·伦敦的成功告诉我们，不管你的理想是什么，要想实现预期的目标，唯一的方法就是，每天做一件能够让你接近自己理想的事情，日积月累，当达到一定的程度时，你就会石破天惊，一鸣惊人。

杰克·伦敦的成功告诉我们，这个世界没有谁是带着实力出生的，实力得靠自己在不断地求新、进取、进步中获得。一直被拒绝如何，一直看不到成功如何，这样的拒绝多了，这样的失败多了，积累下来都是蜕变的精华。

成功是我们追寻的最终结果，在结果出现之前势必要经过一个过程。很多人与成功擦肩而过，最重要的一点原因是他们受不了临近成功前的那段日子。那个时候，自身的能力已经提高了不少，以为可以不费吹灰之力就能取得最终的成功，却不想结局不是这样。前期的努力和经受的苦难与现在的结局成为巨大的反差，几重压力之下，最初的信念便四分五裂不复存在。

逃避失败是人的一种本能，但恰恰就是这种逃避，给人带来了不可抹去的遗憾。我们不要遗憾，所以轻易不要选择逃避。

在追逐梦想的过程中我们始终要抱有一种信念：想超越平凡的生活，注定暂时要"漂泊"。当你率先给自己灌输这种认知后，你不得不接受失败漂泊时，就没有了逃跑的借口。

希望在前面，我们要做的仅仅是再坚持一会儿！

6.每一个优秀的人，都有一段拼搏的时光

优秀是实践累积的一个过程，必须通过一件件事慢慢地积累经验，失败了再来，再失败，再继续。反反复复一次又一次，谁能坚持到最后，谁就成功了。这就是成功的真相。

说起优秀，我们不得不提一个词：拼搏。优秀和拼搏是息息相关的两个词，是拼搏造就了优秀。没有谁安安静静地躲在家里，然后有一天就突然变得很优秀了。

优秀是实践累积的一个过程，必须通过一件件事慢慢地积累经验，失败了再来，再失败，再继续。反反复复一次又一次，谁能在坚持到最后，谁就成功了。这就是成功的真相。

现在我们看来，成功无非就是成功者在向世人展示他的优秀。他能取得这样的成绩，他是优秀的；他能被世人羡慕的目光云绕，他是优秀的。没有谁能否认他们的优秀，但是我们一定要知道，这些优秀并不是天生的，他们也是通过积极的拼搏才有了我们羡慕的今天。

雄鹰得以翱翔天空，并不是从鸟蛋里出来后就能展翅高飞的。它也有磕磕碰碰走路都不稳时，但是，如果因为这些它就停止了它的梦

想，那么蓝天永远是遥不可及的梦想。

没有拼搏就没有优秀！每一个优秀的人，都有一段拼搏的时光！

这就是所谓的真相。

所以当我们一心想跨入成功人的行列，想用成功证明我们优秀时，我们需要面对的第一个问题就是：你准备好积极拼搏了吗？

"走惯了崎岖，才有机会攀到顶峰"。

四年前，美国迈阿密一个学习计算机专业名叫埃克斯·威尔逊的小伙子从学校毕业后，先后更换了五六份工作。他编写过程序、当过推销员、玩过股票，甚至还开过酒吧，不过每份工作他都干得不是很顺心。埃克斯太坚持自己的想法，他编写的程序总得不到上司的认可。即使和陌生人聊天，他也有说不完的话，这让老板感到恼火，认为他在浪费时间。两年前，崇尚自由的埃克斯自己创业，开了一家酒吧，由于经营不善，开了不到一年就关闭了。

工作接连碰壁，首次创业失败，在之后的半年时间里，埃克斯天天沉迷于酒吧，不再出去找工作。身边的朋友都以为他对生活失去了信心，但埃克斯自己心里明白，"沉沦"是为了更好地创业。原来，他认定开酒吧最适合自己，便暂时关闭酒吧，待重整旗鼓之后再开业。

埃克斯喜欢新奇的玩意儿，酒吧开业之初，雇来几个年轻的调酒师，每天推出一两款新奇的饮料或酒，可是，没有几个顾客愿意去点这些口感独特的饮品。他始终坚持主推新颖的产品，越是这样，顾客就越少，最终，几个调酒师不得不离开酒吧。

埃克斯分析，要想经营好酒吧，就得让顾客接受店里的那些新鲜玩意儿。这谈何容易，一个人的喜好怎么会轻易发生改变？他曾试过降低那些新奇饮品的价格来吸引顾客的眼球，结果仍然无济于事。

一天下午，百无聊赖的埃克斯趴在电脑前，总结这几年来都学到了什么东西。程序员、推销员、股民、酒吧老板，他漫不经心地一边念一边写。写着写着，他突然冒出了一个灵感：要是饮料的价格也像股票一样时涨时跌，顾客进门就会受到价格的诱惑，就不一定去点自己喜欢的东西了。做到这一点，只需编写一个程序安装到酒吧里就可以了。

接下来的半年时间里，埃克斯白天逛酒吧，晚上伏案编写程序。他通过调查发现，几乎所有酒吧的老顾客都喜欢点自己日常喜欢的饮品，至于那些陌生的饮品，他们几乎看都不看。

一段时间过去了，一款名为"股票式点酒"的程序终于诞生了。埃克斯给酒吧安装了这一程序，并再次开业。他的酒吧每天开业就像股市开盘，所有的饮品都会有一个开盘价，显示在墙壁上的电子屏幕上。随着客人点饮品，电子屏幕上的价格开始不断发生变化。哪款饮品点的人多，价格就会上涨，反之，饮品愈冷门，售价愈低。当其中一种饮品的价格上涨得厉害时，其他的品种就会相应下跌。

别说，埃克斯推出的这一古怪定价法，还真吸引了不少消费者前来光顾。由于饮料单上的种类很多，多数顾客到酒吧时会先尝试基本的饮料。点的次数多了，他们会发现这些东西的价格在不断上涨，于是，他们就把目光瞄准价格排名靠后的新奇饮品，点上一杯试试口味。如此一来，以前销售量排后的饮品迅速飞跃，成了销售排行榜上的前几名。

有趣的是，顾客的情绪也不断随着电子屏幕的价格变化而起伏。

"哦，我的天，要是推迟 3 分钟再点这种饮品，就花 2/3 的价钱了！"
"看来，我今天的运气不错，这种酒既便宜，口感又棒！"顾客们嬉闹着，但谁也没有因为比别人多花或少花钱买同一种饮品而感到懊恼或庆幸。

安装了这个程序后，埃克斯的酒吧知名度大大提高，每天的销售额都是原来的200％，有时还要更多。当然，他创造的还不只是这些财富，迈阿密不少酒吧的老板慕名前来，花重金请他也给自己的酒吧安装上"股票式点酒"程序。埃克斯爽快地答应了，先后为 30 个同行安装了这一程序，从中赚得了不菲的报酬。

不少人好奇埃克斯这次创业怎么如此成功，他笑着说："失败在所难免，我只不过把前面几次的失败好好地总结了一下，去掉弱点，结合优点，这才有了今天的小成就。"

是的，人生就像江河流水。当流水遇到更大的石头时，它就知道该怎样去击打石面，才能溅起最美丽、最精彩的浪花！

很喜欢一句话："走惯了崎岖，才有机会攀到顶峰。"没有谁的人生是没有任何波折一路畅通到底的。我们要抱有随时随地遭遇挫折的觉悟，拼搏只是经历挫折时的应急措施。

就像故事中的主角埃克斯·威尔逊，大学毕业后一路不畅，不是不被老板看好，就是自己创业失败。如果没有拼搏精神，他只能过那种得过且过没有追求的生活，别说成功了，只怕连自己也会唾弃自己没有追求的人生。不过幸好，他没给自己唾弃自己的机会。在失败面前，他没有放弃，选择以一种崭新的古怪定价法再做一次搏击。他以他的方式向世人证明了他是优秀的，他是一个有创意的人，并不是毫无用处。

很多时候，我们总会被我们目前所处的环境迷惑了我们的心智，自暴自弃并不是我们的最初目的，但是经历得多了，失败得多了，最初的坚持就像一个可笑的执念，连自己也忍不住讥讽自己坚持的到底是什么。

其实我们的内心是知道的，我们坚持的只是我们的梦罢了，不为了轰轰烈烈，只为了问心无愧。那样我们的人生也就完美了。正因为知道，所以我们一路不曾放弃，即便痛苦，即便失败，我们也是勇者。

不要惧怕失败，每一个优秀的人都有一段拼搏的时光。我们今天的拼搏只是为了明天可以优秀地站在别人前面。再艰辛又何妨？一切皆是为了美好的明天！

7.没有谁的成功是触手可及的，你必须承受成功前的寂寞

成功之前的寂寞不是轻易就能忍受的，但是如果想成功，想化茧成蝶，那么就必须有承受住寂寞的认知。这是一个过程，想迎接后面的成功，必须经历这个过程。既然回避不了，我们就要学会坦然面对。

我们总看到光芒万丈下的成功人士，而忽视站在舞台下他们不为人知时的还不曾成功时的他们。其实我们此刻就站在他们成功前的黑暗里，经历的正是他们曾经经历的过程。

没有谁生来就是成功的，可以一路领先地走在别人前面，一直被灯光照射，一直被掌声追随。成功是自己用汗水与努力换来的，在成功之前大抵都是寂寞的。忍常人不能忍，坚持常人不能坚持的，才能迎来最后的掌声。而之前，必须承受住寂寞，这是每一个成功人士的必修课。

如果被寂寞打垮了，那么就没有成功之说了。

这里有一个故事：

1547 年，他出生在一个没落的贵族家庭，童年时期跟随父亲四处奔波，直到 19 岁才定居马德里。

他做过侍从，于 1570 年加入西班牙驻意大利军队。第二年经历了著名的勒班多海战，他多处受伤，左手致残，人称"勒班多独臂人"。

1573 年随军驻防那不勒斯，两年后奉命踏上归国旅途。不想，他在路上遭遇柏柏尔族人的海盗船。由于他身上带有两封推荐信，海盗把他当成重要人物，想借机勒索巨额赎金。

他不甘做奴隶，私下劝说并组织同伴们逃跑，可惜被海盗发现。但他不气馁，一次又一次带领同伴逃跑，却均以失败告终。直到 34 岁时，他才被家人用钱赎回。

他以英雄的身份回国，却未得到重视。他也不在乎，在为生活奔波的同时开始写文章。1585 年他出版了田园牧歌体小说《伽拉泰亚》，虽感觉很满意，但未引起文坛注意。

1587 年他接受了皇家军需官的职务，辗转于村落之间采购军需品，深入百姓生活。不想，1593 年他受人诬陷账目不清，被捕入狱。获释后，他回到马德里，改任格拉纳达税吏。1597 年，他因储存税款的银行倒闭，被人指控私吞钱财，再次入狱。连续的厄运均不能打击他的心，即使他身在监狱，也不忘构思剧本。

1598 年他获释出狱，在生活最窘迫时，靠写文字养家糊口，他给商品写广告词，应剧院邀请写了三四十个剧本，但演出后并未取得成功。

他不顾失败的打击，开始《唐吉诃德》的创作。1605 年，这部书一经出版，立即风行全国，一年之内竟再版六次。

他就是欧洲近代现实主义小说的先驱塞万提斯。由于书中对时弊的讽刺与无情嘲笑引起封建贵族与天主教会的不满与憎恨，尽管他得到了不朽的荣誉，生活却更加艰难。

不料不久后他又卷入一场官司中，和家人一起被关进监狱。然而塞万提斯仍旧不肯低下他高贵的头颅，获释后继续用手中的笔和生活做斗争。

1615 年，他又推出了《唐吉诃德》第二部，1616 年他身患严重水肿，在贫病交加中去世。

就是这样一个多灾多难的人，即使一再遭遇挫折，受到生活的欺骗，但他在艰辛的生活之路上，依然奋勇前行，最终为世人留下了一批"人类历史上最伟大的作品"。

因为他坚信：假如生活欺骗了你……一切都将会过去……

但凡有一点文学素养的人都知道《唐吉诃德》，所以作为这本书的作者，从《唐吉诃德》问世之时起，就是一个名副其实的成功者。但是我们有多少人认真地考究过他成功之前，经历了多少？再扪心自问一下，如果我们身处他的环境，能有他的坚持，能做到他这么好吗？

成功之前的寂寞不是轻易就能忍受的，但是如果想成功，想化茧成蝶，那么就必须有承受住寂寞的认知。这是一个过程，想迎接后面的成功，必须经历这个过程。既然回避不了，我们就要学会坦然面对。

苦难只是暂时的，只要跨越了过去，就是促使我们前进的动力。寂寞也只是暂时的，只要走过了，就是成功之后的热闹。

所以，寂寞是不可怕的，可怕的是寂寞中自身的心态。这个世上，没有谁能决定你的未来，唯一能决定你未来的是你自己。在寂寞中坚持，还是落荒而逃，能做出最终选择的只能是你。

没有谁的成功是触手可及的，承受成功前的寂寞是必修课。我们向往成功，又不能避免成功前的寂寞，既然不能避免，那么就勇敢地迎上去。希望在，这些寂寞又算得了什么呢?

第三章
心中有光的人，终会冲破一切黑暗和荆棘

　　有时选择放弃，不是我们到了已经完全不能坚持的地步，仅仅是因为没有光的指引——我们异常迷茫，不知道自己顶着苦难到底在坚持什么。心中有光的人，坚定自己选择的方向，肯付出更多的努力和艰辛，具有对付一切挫折的能力，具有摔倒后爬起来再继续拼命的勇气，从而最终冲破一切黑暗和荆棘。因为只要你自强不息，绝望也会给你一线生机；只要你坚持下去，有抵抗苦难的心，不管遇到什么都冲上去，就一定能挺过去，就一定能实现自己的梦想。

1.心中有光的人，终会冲破一切黑暗和荆棘

成功者和失败者唯一的差别是一个坚持了下来，一个没有坚持下来。但是，这个差别却是致命的。我们必须学会坚持！支撑我们坚持的动力就是向往的光亮！想达成哪一步，就必须做到哪一点。这就是人生的公平之处。给心灵点亮一束光，心中有光的人，终会冲破一切黑暗和荆棘。

在心里种一棵树，迟早有一天它会还我们一片森林；在心里放一个太阳，它会温暖我们整个人生；在心里存一个希望，它会引导我们冲破荆棘，一路向前，到达我们向往的地方。

一个人心中有什么很重要，如果心是颓废的，只能和失败为伍；如果心是懦弱的，只能接受平庸；如果心是坚强的，就会攻克一个个困难。我们不能选择外因，能做的只有一点：改变自己的心境。

我们可以尝试着给自己的心植入一颗小小的种子，看似遥不可及的梦想，可是随着种子越长越大，信念就会越来越强。别小看信念的力量，那就是牵引你往前的明灯。尤其在我们遇到挫败止步不前，犹豫着要不要放弃时，它就会果断地站出来，告诉你，坚持下去，你可

以；坚持下去，你行的。

有时选择放弃，不是我们到了已经完全不能坚持的地步，仅仅是因为没有光的指引，我们异常迷茫，不知道自己顶着苦难到底在坚持什么。原先还有的坚持也随着质疑土崩瓦解了。

我们需要一束光，心中有光的人，终会冲破一切黑暗和荆棘。

阿根廷41岁的男子伊尔雅特虽然连小学都没毕业，却在35岁时重拾书本苦读6年后取得了律师执业资格证书。

当记者问及伊尔雅特，是什么力量支撑他有如此坚强的毅力和意志时，他回答说："是一句话的力量，让我重新燃起了学习和生活的希望。"

伊尔雅特3岁时，父母因感情不和而离婚，他被判给母亲抚养。看着常年有病的母亲异常艰难，懂事的伊尔雅特在8岁那年决定辍学，他要靠自己的能力养活母亲。

从此，人们每天都会在公共汽车上看到一个身材弱小的男孩，挎着硕大的报袋子大声吆喝着"卖报，卖报"，同时，他还卖一些糖果及小商品。当年龄稍大时，他又开始卖扫帚。伊尔雅特回忆说："运气好时，勉强能赚够我和母亲的生活费，运气差时，我和母亲就得饿肚子。我记忆最深的一次，是在汽车上熬了一整天，也没有卖出一把扫帚，我抱着扫帚到街上挨家挨户去推销，一家主人看我可怜，就出于同情买了一把，才没让我们母子饿肚子。直到现在，我都很感激帮助过我们的好心人。"

这样的日子一直伴随着伊尔雅特到了35岁，那时的他已成了一名公交司机，收入虽然不是很高，起码有了保障。

命运的转机在某一天突然降临。2004 年夏的一天，上来一位叫劳拉的中年女乘客，她听着伊尔雅特风趣幽默的语言，也禁不住大笑。于是她对伊尔雅特说："看得出，你是一个非常有潜力的人，你应该继续去读书，然后考取律师！"那一刻，伊尔雅特呆住了，对劳拉嗫嚅道："我这样大的年龄，能行吗？"劳拉鼓励他："你没有去尝试，怎么就知道自己不行呢？记住一句话，'要相信自己，你是最棒的'！"伊尔雅特接受了劳拉的建议，于第二天报名布宜诺斯艾利斯大学法律系准备考取律师学位。

由于底子薄，伊尔雅特付出了常人难以想象的艰辛，他每天 4 点钟起床，去赶 7 点钟的课，学习一小时后再去上班；一天工作结束后，顾不得休息，匆匆吃点饭又去学校听课，他在回忆那段学习生活时说："第一次走进课堂时，我才发现自己几乎不会读和写，这让我十分难堪，但我记住了劳拉女士的那句话，'要相信自己，你是最棒的'！在接下来的 6 年里，我几乎没有休息过一天，全都用来学习了。"

劳拉女士的那句话，时刻激励着伊尔雅特不断奋进。辛苦的付出获得了丰厚回报，经过 6 年刻苦学习，他终于在 2009 年 12 月取得了律师资格，迎来了他人生的重大转折。

伊尔雅特的励志故事传遍了阿根廷的大街小巷，他就读过的布宜诺斯艾利斯大学，还将他的名字刻在学校最醒目的墙上以激励其他学生。

伊尔雅特对媒体说："我永远会记住劳拉女士那句'要相信自己，你是最棒的'那句话，虽然我从此再没有见到过她，但这句话却改变了我的人生轨迹。如果没有她的鼓励，我是不可能有今天的。我的成功说明，一句话的力量非常巨大，它可以让处于迷惘中的人豁然清醒，让遇到困难的人增添勇气。不管以后怎样，我都要把成功看作是提高自己的一个方式，像劳拉女士那样，在关键时刻，给那些需要帮助的人说一句鼓励的话，和大家共同努力，为填补城市精英与穷人之间的那道鸿沟尽自己一份力！"

连小学都没毕业的伊尔雅特，却取得了律师执业资格证书！伊尔雅特的故事传遍了大街小巷，在大伙一遍又一遍地赞叹他的成功时，我们难道就没有一点点感悟吗？公交车司机和律师风马牛不相及的职业，他偏偏把两者完美地联系在了一起。我们为什么不能成为另一个伊尔雅特？

一个人只要有所追求，当他放正心态去做某件事情时，别说你平凡，只要你愿意相信自己，你就是那个最棒的平凡人！会用自己的实力向世人证明你是不平凡的。

成功很难，那不是一朝一夕就能达成的，需要付出太多的精力，经历很多的苦难。成功很容易，只要你坚定自己的信念不受外因轻易改变自己的梦想，迟早有一天会走到成功面前。

成功者和失败者唯一的差别是一个坚持了下来，一个没有坚持下来。但是，这个差别却是致命的。我们必须学会坚持！支撑我们坚持的动力就是向往的光亮！想达成哪一步，就必须做到哪一点。这就是人生的公平之处。给心灵点亮一束光，心中有光的人，终会冲破一切黑暗和荆棘。

2.真正的勇士，是具有对付一切挫折能力的人

搏击的人生也是战场，是勇敢的自己和懦弱的自己的一场战争。要想取得成功，我们必须成为搏击场上的勇士。想的不是逃避，而是如何对付我们面前的挫折。人的幸运不是上天给的，而是靠自己一点点拼搏来的。

人与人之间最大的差别不是他成功了你还没有成功，而是他有对付一切挫折的能力，而你却没有。

这就是拉开两者之间距离的真正原因。

从出生那天开始，我们就顶着阻碍饱受挤压地来到这个世上，这是人生给我们上的第一课，人生不是轻而易举就能参与享受的。它欢迎勇敢的人。

可惜长大后的我们忘记了人生的第一课带给我们的启示，或许是挫折超过了我们的预期，或者是挫折太多悄悄磨耗了我们的斗志。我们就慢慢在人生的搏击战中悄悄地败下阵来。我们对自己说："那些成功的只是命运的幸运儿，我属于被命运嫌弃的人群，我还是换个选择好了。"不管找到何种说辞，就好像给了自己交代，可以松懈下来，

改道而行，做个理直气壮的逃兵。

其实，不管什么样的说辞都只是借口。如果有人告诉你，只要挺过这个难关，你就可以达成所愿了，这个时候你还会找理由逃脱吗？

搏击的人生也是战场，是勇敢的自己和懦弱的自己的一场战争。要想取得成功，我们必须成为搏击场上的勇士。想的不是逃避，而是如何对付我们面前的挫折。人的幸运不是上天给的，而是靠自己一点点拼搏来的。

1961 年的那个冬天，对他来说特别寒冷。当卡车司机的父亲出了车祸，失去了一条腿，全家失去了经济来源。每天的餐桌上，都是母亲捡来的菜叶和打折处理的咖啡，餐餐都难以下咽。

失去工作的同时，父亲还失去了生活的信心和勇气，每日借酒消愁，变成了一个酒鬼。只要他稍不听话，父亲便大发雷霆，挨打对他而言就是家常便饭。

12 岁那年的圣诞夜，家家灯火璀璨，美食飘香，唯有他的母亲因借不到钱而愁眉不展，父亲大发雷霆，骂他们都是笨蛋。无奈的母亲，只得驱赶他们到街上玩。肚子饿得咕咕叫的 3 个孩子，发现一家商场门口的促销商品琳琅满目，一个念头瞬间在他心中产生，他让弟弟妹妹先回家，而自己一直注视着那罐包装精美的咖啡，他太想让父亲开心一下了。

瞅准时机，他快速拿起那罐咖啡塞到棉衣里，却不巧被店主看到。店主大声喊着抓小偷，他撒腿就跑，并回家将咖啡送给了父亲。父亲很开心，打开那罐咖啡，香浓的气息飘溢而出。父亲还没来得及品尝，店主就追到了家里，事情败露之后，他遭到一顿毒打。

　　这个圣诞节对他来说是刻骨铭心的，痛苦的滋味，让他发誓努力奋斗，一定要买得起上好的咖啡。为了减轻母亲的负担，他早上送报纸，放学后去小餐馆打工。只是这微薄的收入还有一部分被父亲偷去买酒，这让他对父亲由惧怕变为厌恶，他们之间很少说话。

　　此后的日子，他为皮衣生产商拉拽过动物皮，为运动鞋店处理过纱线，打过无数零工，只是和父亲的矛盾却一直未变。磕磕绊绊中，他以优异的成绩考上了大学。

　　家里贫困如洗，父亲坚决反对他去上大学，要他去打工挣钱。他咆哮着说："你无权决定我的人生，我才不要过和你一样没有梦想、毫无动力、朝不保夕的日子，我为你感到可耻。"

　　他进入了北密歇根大学，为了节省路费，上学期间他从没回过家，所有的节假日都在打工。他每个月都给母亲写信，却从不问父亲的状况。毕业后，他成了一名出色的销售员，拼搏努力的原因，只是想向父亲证明自己的人生选择没有错。

　　那一年，他挣到一笔可观的佣金，破天荒地给父亲买了箱上等的巴西黑咖啡豆。他以为父亲会很开心，谁知却遭到父亲的讥讽："你拼命上学，就是为了能买得起上好的咖啡？"为了不被父亲看扁，他决心做出更大的成就来向父亲证明。

　　那一天，母亲打来电话，说父亲想他了，想见他。他从没想到父亲会说出这样的话，当时正忙着和一个客户谈判，于是他拒绝了母亲。两个星期后回家，他才得知父亲已经过世了。后来在整理父亲遗物时，他发现一个锈迹斑斑的咖啡罐，他认得那是12岁那年偷的那罐咖啡。盖上有父亲的字迹：儿子送的礼物，1964年圣诞节。里面还有一封信，上面写着："亲爱的儿子，作为一个父亲，我很失败，没能提供给你优越的生活环境，但是我也有梦想，最大的梦想就是拥有一间咖啡屋，悠闲地为你们研磨、冲泡香浓的咖啡。这个愿望无法实现了，我希望你能拥有这样的幸福。"

昔日的打骂成了珍贵的记忆，悲伤顿时占据了他整个内心。妻子鼓励他说："既然父亲的愿望是开间咖啡厅，那么我们就替他完成愿望吧！"凑巧的是，西雅图有个咖啡馆想要转让，他毅然辞去年薪7.5万美元的职位，盘下了那家咖啡馆，并用短短20多年时间从一个小作坊发展成跨国公司。

这就是日后驰名全球的星巴克，而他就是那个用行动买梦想的穷孩子舒尔茨。谁努力，上帝就偏爱谁。只要你肯努力，无论多昂贵的梦想都能买得起。

几乎所有的小资都着迷于这句话：我不是在星巴克，就是在去星巴克的路上。星巴克成了小资的代名词。可是却没有谁知道小资的星巴克却是穷孩子舒尔茨的作品。曾经这样一个穷到没有钱给爸爸买咖啡，为了让父亲开心一下，偷拿咖啡的穷小子，面对爸爸的不理解，顶着家境贫寒的现状，义无反顾地读了大学。即便没有钱回家，即便假期一直在打工，他始终在奋力拼搏。

他没有被生活的现状击垮，而是勇敢地迎向挫折，打败挫折。他就是真正的勇士，他具有对付一切挫折的能力，他用自己的实力向世人证明，他是打不垮的人，他的成功是英勇之后的必然产物。

有时我们会觉得我们拥有的太少，觉得我们经受的苦难太多。这些都不是我们逃离挫折的借口，我们要做的事情只有一个，直面挫折，击败它！

任何时候我们都不要给自己借口，只需谨记，成功需要勇者，我们就是自己的勇者，现在的努力只是一个勇者应该做的坚持罢了。真正的勇士，是具有对付一切挫折能力的人。

3.摔倒了，爬起来再继续往前

很多时候，我们欠缺的不是迎向成功的能力，而是一股从地上爬起来，再狠命向前冲的勇气。这个世界不需要弱者，与其以弱者的姿态接受别人怜悯的目光，还不如站起来，给自己创造一个可能成功的机会。

人生在于拼搏。从本质上看这句话只能说明一件事，人生多挫折。

所以我们不要被挫折吓倒。不管现状多吓人，该向前冲时还得向前冲。冲不过去时最坏的结果无非就是摔一跤。摔倒了，爬起来再继续拼命。把这股劲拿出来拼命，什么样的障碍也阻碍不了我们前行。

我们需要有摔倒后爬起来再继续拼命的勇气。我们的勇气越足，我们的力量就越大，我们离成功的距离就越近。

我们一起来看看这个故事，看看这个身处绝境的女人，哭过之后，是如何积极地投入她的人生，创造奇迹的。

1984 年，卢娜·布莱姆 30 岁，她的生命仿佛走到了尽头。卢娜患上了乳腺癌和宫颈癌。在 11 个星期内，她已经经历了两次外科手术——乳房切除术和子宫切除术。现在，她正经受着化疗带来的巨大痛苦。雪上加霜的是，疾病夺去了她的秀发、她的积蓄，还有她的丈夫。她的丈夫不能忍受更多的压力而离开了她，唯一给她留下的就是两个小男孩儿。更糟的是，医生给她下了死亡判决书：她还可以活两年，如果幸运的话，最多5年。

在得克萨斯州5月的一个闷热的上午，卢娜躺在自己的浴室里，面颊贴着冰冷的地板，这样的刺激可以提醒她不要放弃。她知道，尽管她不断地经受着身体内剧烈的疼痛，可她仍然不能就这么躺着自怜自叹。她必须拿出全部精力来照顾两个儿子。这就意味着，她必须得找一份工作。当时，卢娜只想着怎样能生存下来，财富和成功这两个词压根儿就没进过她的脑子。

从哪儿开始呢？朋友建议卢娜在销售行业寻找一份工作，她认真地想了想，决定试试。

在所有的销售类工作中，卢娜最终选定了男性占主体的汽车销售领域。她知道，在汽车销售这个行业可以挣得不错的薪水。她也曾不止一次注意到，大多数汽车推销员往往只顾着埋头同夫妇顾客中的男士谈话而忽略了身旁的女士。直觉告诉她，女人在一个家庭的决策过程中占有非常重要的位置。她相信，这是一个机会。

带着一肚子的"直觉"，顶着一头略显滑稽的金黄色假发，卢娜开始向她的汽车推销员工作迈进了。"你们是否打算雇一个女人帮你们推销汽车？"她问。"不！"粗率无礼的回答一遍遍地重复着。她从16个销售经理那儿得到了相同的答复。然而，卢娜并没有放弃。她不能放弃！"我认为勇气可以赐给你力量。"她说，"当你每天早上醒来时，你都要对着镜子说：'今天我一定要鼓足勇气！'"

　　前面的努力一次次地被击碎了。于是，在做第 17 次努力时，卢娜修改了她的措辞，在向销售经理认真讲述了一番她对女性购车者的独特想法后，卢娜被当场录用！卢娜·布莱姆的汽车销售生涯从此开始。

　　在这个几乎全部是男性的工作环境中，卢娜是一个特例。"我开始了和他们之间的激烈竞争，我打败了他们。"卢娜在工作的第一年，就获得了"年度销售人物"的称号。而此时，卢娜的癌症病情也得到了逐渐的控制，她的身体不断强壮起来。

　　在其后的日子里，她不断地努力，不断地被提升。在做到高管的位置后，她决定开创自己的汽车销售公司。1989 年，在距离卢娜为了治病养家卖掉自己第一部车整整 5 年后，"真爱克莱斯勒"———一间属于卢娜的汽车销售商店诞生了。

　　卢娜真心的劳动获得了相当可观的回报。今天，她的癌症已经被彻底消灭，她已经成为两家汽车销售商店的老板，她的公司每年的收入达到 4.5 亿美元。

　　这个世界没有任何绝对的不可能。很多在我们眼里的诸多不可能，在拼命三郎的努力之下变成了一切皆有可能。

　　卢娜没有被残酷的现实压垮，她勇敢地选择站了起来，不去理会自己的病情自己的疼痛，以拼命的姿态在汽车销售中占了一席之地。她的霸气不仅让她成了两家汽车销售商店的老板，更可喜的是还吓跑了病魔。

　　很多时候，我们欠缺的不是迎向成功的能力，而是一股从地上爬起来，再狠命向前冲的勇气。这个世界不需要弱者，与其以弱者的姿态接受别人怜悯的目光，还不如站起来，给自己创造一个可能成功的机会。

    我们不能随意安排我们的人生，但也不能随意受命运摆布。想做什么就拼命去做，不要中途放弃。

4. 你不打败它不罢休，它便会向你低头

不管是生活中还是工作中遇到问题，我们都不要逃避，再强大的对手也害怕不打败不放弃的我们，当我们还不够强大时，尽力去做是我们唯一的出路。我们不能把我们唯一的出路也堵住了。即便耗费了很多时间，我们也要相信：你不打败它不罢休，它便会向你低头。

"不罢休"是一种态度。就像大名鼎鼎的愚公一样，"一座山挡在我家面前我就无能为力了？"他把"不罢休"发挥到极致，发动整家人移山。虽然最后不是亲力所为，但山的确是移走了，愚公最初的梦想达成了。

如果他没有这种"不罢休"的态度，话说神仙也很忙，谁去关注你家门对着山，还是山拦着你的道啊！

所以任何时候都不要抱有侥幸心理，该你打败的，还得你打败。而且当你决定打败某个麻烦的时候，要从伸出拳头的那刻起，就要有一种认知：不打败不罢休。当你把这种"不罢休"的气场完全暴露出来的时候，它自然会乖乖向你低头。

屈服勇者是人之所向，所以我们要做勇者，还要是那种"不打败

不罢休"的勇者，当我们以如此的信念奔向我们的目标的时候，意味着再大的困难也会悄悄地变得懦弱。

我们一起来读一则香港小姑娘的故事。

在去年夏天的高考季中，香港有一名特殊的状元被称为小海伦·凯勒的曾芷君。之所以被这样称呼，是因为她双目失明、严重弱听、手指触感缺陷，可是曾芷君在三感不全的成长历程中，以双唇代替双手，唇读凸感盲文进行学习，最终取得了3科5＋＋，2科5＋的优秀成绩，这个成绩在香港高考中相当于状元分，而曾芷君也如愿考入香港中文大学翻译系。

出生后几个月，曾芷君就因神经萎缩双目失明，只能感觉到光和影，被界定为完全失明。小学时，她的双耳被确诊为中度至严重弱听，要靠助听器与人沟通。不过，上天给芷君的磨难并未就此打住，由于神经萎缩，芷君的手指指尖触感也有缺陷，想要用手触摸盲人专用的点字书也不可以。

面对困境，父母和老师都无可奈何，可是曾芷君却没有放弃自己，她认为自己必须要接受现实，如果逃避，这个困难就会跟着她一生。于是，她不停地摸索和努力，尝试了身体的各个部位，终于找到了最佳触点双唇，而曾芷君也成了学校里唯一一个吻书的孩子。以唇吻书，困难可想而知。曾芷君阅读同样的内容，不仅比正常人多花一至两倍时间，还比其他用手读书的失明人要慢。

中学时，曾芷君本来可以在盲人学校就读，可为了早点融入主流学校，她选择了一所普通学校，和正常学生同堂学习。在中学一年级时，曾芷君就在一篇文章中写道：踏入主流学校就读，是我生命的一个转折点。在以后的日子里，我将面对无数的挑战，我将竭尽所能，用功读书，克服每一个困难。

曾芷君确实做到了，课堂上，她捧起老师事先准备好的点字笔记，一边埋头用嘴"识"字，一边戴着助听器听老师讲解。英语教授的通识课信息量大、观点多、内容新，课堂上不仅要讨论，还要小组代表发言，一些普通学生看了都要皱眉头的问题，曾芷君从来没有回避。

普通学生可以靠看电视、看报纸了解时事，这些对曾芷君都是困难，但曾芷君的观点却经常让老师们眼前一亮。学校里不止一位老师感叹：难以想象她是怎么掌握那么多学习内容的。原来，因为阅读速度很慢，曾芷君除了吃饭、冲凉和睡觉外，其余时间几乎全部都在阅读。

在香港高考，有听力障碍的学生可以豁免中英文听力考试，但是曾芷君并没有享受这样的优待，她认为自己虽然有听力障碍，但是不能放宽对自己的要求。在一次采访中，曾芷君坦言，无论她考出来的成绩如何，都必须学会去面对自己的现实，去接受自己的障碍。

有句话说，如果一件事情来了，你却没有勇敢地去解决掉，它一定会再来。生活就是这样，它会让你一次次地去做这个功课，直到你学会为止。如同曾芷君那句如果我逃避，困难会跟我一生。我们也应该如此，直面困难才能最终赢得生活。

双目失明、严重弱听、手指触感缺陷在旁人眼里都是硬伤，但是曾芷君却抱着"不打败不罢休"的精神，成功跨越了这几座阻碍她发展的大山。她用她的成绩像世人证明，这个世界上没有什么看似解决不了的难题。只有做了，才知道自己的强大。

　　我们也不是懦弱的人，也可以尝试勇敢。问题存在的时候，我们不是回避问题，而是积极迎向问题，用自己的方式击败问题。把问题击败了，问题还存在吗？一味地回避并不能让问题隐退。在恰当的时候恰当的地点，它会变本加厉地出现在你面前，把你之前所有的努力斩断。

　　我们不能让这种不利的情形出现，要么打倒它，要么被它打倒。

　　你一定要相信，当你怀抱不打败不罢休的心理的时候，没有什么问题是你解决不了的。

　　这里还有一个类似的故事。

　　美国盲聋女作家、教育家海伦·凯勒一岁半时因病丧失了视觉和听力，这对于一般人来说是不可想象、不可忍受的痛苦。然而海伦并没有向命运屈服。在老师的教育、帮助下，她凭坚强的毅力战胜了病残，学会了讲话，用手指"听话"，并掌握了 5 种文字。24 岁时，她以优异的成绩毕业于著名的哈佛大学拉德克利夫女子学院。以后她把毕生的精力投入到为世界盲人、聋人谋利益的事业中，曾受到许多国家政府、人民的赞誉和嘉奖。1959 年，联合国曾发起"海伦·凯勒"运动。她写的自传作品《假如给我三天光明》，成为英语文学的经典作品，被翻译成多种文字广泛发行。

　　我不知道大家有没有读过海伦·凯勒的这本书。其中的艰辛不是唏嘘几声就可以诠译的。这么严重的身体阻碍都不能影响她对成功的追求，还有什么阻碍比她的更为严重？

　　不管是生活中还是工作中遇到问题，我们都不要逃避，再强大的对手也害怕不打败不放弃的我们，当我们还不够强大的时候，尽力去做是我们唯一的出路。我们不能把我们唯一的出路也堵住了。即便耗费了很多时间，我们也要相信：你不打败它不罢休，它便会向你低头。我们的执着与勇敢一定会带给我们美好的未来。

5.关键时刻咬一咬牙，任何困难都能被克服

我们不能苛求自己不能有情绪波动，但至少可以很快安抚好自己的情绪，关键时刻不动摇。我们一定要有坚定的信念，任何困难都会被我们的坚持克服！我们的人生会因为我们的坚持变得绚烂多彩！

道路平坦时，所有人都知道沿着路标继续走下去，但是如果平坦的道路突然变得崎岖不平了，那么人与人之间的不同也就出现了：走下去还是找个路口拐个弯，或者干脆掉头回去。

只是一条普通的陌生路还好，不管怎么走我们总会走到我们的目的地。但是，如果是我们的人生路，就没有这么多的十字路口可以给我们任意拐弯掉头了。偏离一个小小的角度，就偏离了我们的人生计划。

在追逐梦想的过程中，所谓的成功者和失败者之间的差异，取决于面对坎坷不平的道路时做出的选择——走下去还是退回来。成功者选择了勇敢地走下去，失败者选择了狼狈地撤回来。一念之差带给了我们完全不同的结局。

人生不会给我们太多选择，确定了方向就不要轻易改变我们的方

向。关键时刻咬一咬牙，那么看似坚不可摧的困难也能被你克服。只是需要你付出更多的努力和艰辛罢了。

他是一位匈牙利木材商的儿子，由于从小生得呆笨，人们都喊他"大头"，他也确实名副其实。9 岁之前，除了因遵守秩序在学校里获得一枚玩具螺丝之外，并没有获得过什么奖励。

12 岁时，他做了一个梦，梦到有位国王给他颁奖，因为他的作品被诺贝尔看上了。当时他很想把这个梦告诉别人，但又怕人嘲笑，最后，只告诉了妈妈。

妈妈说："假如这真是你的梦，你就有出息了！我曾听说，当上帝把一个不可能的梦放在谁的心中时，就是真心想帮助谁完成的。"

妈妈说完，他就信以为真了。他想，他真是天下最幸福的人！世界那么大，上帝却一下子选中了自己。为了不辜负上帝的期望，从此他真的喜欢上了写作。

"倘若我经得起考验，上帝会来帮助我的！"他怀着这样的信念开始了他的写作生涯。3 年过去了，上帝没有来；又 3 年过去了，上帝还是没有来。

就在他期盼上帝前来帮助他时，希特勒的部队却先来了。因为是犹太人，他被送进了集中营，在那里，数百万人失去了生命，而他却靠着"生命就是顺从"的信念活下来。"我又可以从事我梦想的职业了！"他怀着这种心情走出奥斯维辛集中营。

1965 年，他终于写出了他的第一部小说《无法选择的命运》；1975 年，他又写出他的另一部小说《退稿》。接着他又写出一系列作品。

就在他不再关心上帝是否会帮助他时，瑞典皇家文学院宣布：把2002年的诺贝尔文学奖授予匈牙利作家凯尔泰斯·伊姆雷。他听到后，大吃一惊，因为这正是他的名字。

当人们让这位名不见经传的作家谈一谈他获奖后的感受时，他说："没什么感受，我只知道，当你说我就喜欢做这件事、多困难我都不在乎时，上帝就会抽出身来帮助你！"

一位资深的广告公司文案人员在接受采访时，当记者问她成功的感悟时，她只说了两个字："坚持。"

6年前，她是一家棉纺厂的下岗人员，除了爱好文学之外，她一无所长。

同年夏天，她深爱着的那个男孩也向她提出了分手，男孩说，他的妈妈觉得女孩子不能没有工作。

她笑笑，看着男孩远去。

之后，她来到这家只要有创意不必有文凭的广告公司应聘。

应聘的有上百人，大都是美院和艺术学校的大学生，他们朝气蓬勃，青春焕发，他们才华横溢，且有作品得奖。在应聘过程中，她一遍遍地问自己：是不是应该放弃？直到轮到她时，她的心中还在问自己：是不是应该放弃？

她看到了和蔼可亲的经理。就在他善意的一笑中，她突然有了勇气。

她想搏一搏。幸运的是，经理爱好文字，文人之间总有别人无法言传的默契，更重要的是，经理读过她的诗。

结果，她被录用了。

但是她很快发现了自己与别的创意人员的差距，她的创意经常不能想到点子上，等到别人设计出来，她才有一种如梦方醒的感觉。

广告公司的收入按照业绩取酬，整整 6 个月，她的工资是最低的，除了勤杂工，就数她了。

她觉得自己并不适合这份工作，准备放弃。当有人因为承受不住工作压力而转行时，她随时都想把口袋中的那张辞职报告拿出来。

但是，她不愿就这样输了。

其实她有那个天分，只是在文学和文案之间，还有一段过渡的时期。6 个月后，她的第一个创意被公司采纳。再一个月后，她为一家实力雄厚的公司做的广告词，那家公司竟然没有改动一个字。

那两则成功的创意点亮了她黑暗的世界，希望的曙光已经降临。

从此她的创意点子如火山一样喷发，有时候甚至连她自己也不明白会如此适合干广告策划这一行。

是的，坚持，对于我们的人生来说，这个词实在太重要了。它直接决定我们人生的成败。一个棉纺厂的下岗工人，去了广告公司。虽然有文学功底，但是在与文案的衔接过渡上还需要一个磨合期。在磨合期里她顶着巨大的压力，几度想放弃，几度又坚持了下来。关键时刻的咬一咬牙，终于给她挺了过来，之后创意点子如火山爆发，她成功了。

如果关键时刻她没坚持住，那么她的人生就会改写，再找个纺织厂工作，或其他工作，但绝对不会再是广告文案。

我们不能苛求自己不能有情绪波动，但至少可以很快安抚好自己的情绪，关键时刻不动摇。我们一定要有坚定的信念，任何困难都会被我们的坚持克服！我们的人生会因为我们的坚持变得绚烂多彩！

6.走出恐惧带来的阴影，你放手一拼又何妨

我们不要被别人影响，也不要被自己的想象、自己之前的失败影响。那些看似万分恐惧的难题可能恰恰是我们到达成功彼岸的捷径。我们不要被它的表面吓着，去尝试，去放手一拼，成功喜欢勇敢的人。

我们都知道一个成语"杯弓蛇影"，小时候读到这个典故时颇为好笑。杜宣怕蛇怕到这境界，墙上的弓映在酒杯里，都能认为杯中有蛇，又不能不喝，完了又疑心把蛇喝下去了，就忧心忡忡生病了。要不是应彬认真分析了事情的缘由，再把他接到上次喝酒的地方，倒下酒告诉他酒杯里的不是蛇而是弓的影子，估计杜宣的病就不能好了。

可是，长大后再细读这个故事时，我突然就笑不出来了。生活中类似杜宣的人还少吗？在某个领域遇到毁灭性的失败之后，多少人活在恐惧带来的阴影里，摈弃了自己最初的梦想，最初设想的一切，秉承的所有信念都烟消云散，努力避开这个领域，就怕历史重蹈覆辙。

这样的我们过得很愉悦吗？这真的是我们想过的生活吗？

没有谁可以预知未来会带给我们什么额外的惊喜，让我们经历什么样的苦难。既然无法预知，我们为什么要因为恐惧回避？难道我们

回避了这个恐惧之后，就可以确定不会迎来第二个恐惧？还是准备让一个个恐惧填满我们未知的空间，这个不能触碰，那个必须回避。我们能不能假设，或许我们恐惧的蛇，可能只是墙上弓的影子呢？在最终的答案出来之前，我们要做的难道不是找出真相吗？与其某个神经一直被压迫着，还不如走出恐惧带来的阴影，放手一搏。

我们不能因为恐惧就回避，那是对我们自己的不负责，因为回避不只会带来遗憾，更会造成永远的失败。

那是一次冬季飞行，罗纳突然感到飞机上比自己想象的要热一些。罗纳飞机上的除冻器是将空气从热的发动机里带出来——这和汽车上刚好相反。这些空气通过一个弯曲的加热管道然后以很高的温度喷向座舱，尽管其中混杂了周围的空气，但它还是使座舱越来越热，远超过你能忍受的程度，所以你不能让除冻器运行时间超过你想要的时间。

罗纳注意到了座舱越来越热，他伸手过去想关掉开关，但是他发现它已经是关闭状态。他知道，飞机系统出了故障。罗纳想尽办法，都阻止不了越来越多的热空气奔向驾驶舱，他没有办法控制温度。那时，他们正飞行在恶劣的冬日风雪中——暴风、大雪、冰雹，等等，外面情况险恶，里面还有一个更大问题，热浪在座舱中肆虐，他却毫无办法。

罗纳发信号给控制台，解释自己的处境，他决定不去原定的目的地密西根，而是尽快返回他们起飞的地方。罗纳找到一个安全的区域，在控制台的允许下做低空飞行。那样他就可以尽快用掉燃料而返航（飞机带着满满的燃料在结冰的跑道上降落是很危险的，因为冰上的高速降落会将飞机超重的部分抛出去。那时还有大约 4 吨燃料要用完）。那时，所有的热气都已涌入座舱，热得罗纳几乎无法进行思考。

降到低空后，罗纳做了个270°大旋转，并做了一些技巧动作来加快耗掉燃料。点燃后燃器，而后将它关掉，同时又将油门推回到后燃器位置，这样燃烧器有三次要点燃，但多余的燃料会从尾管中源源不断地排出去。这可能是"最差"的一种挂弹燃料的方法了。突然，座舱内充满了烟雾，罗纳的双眼开始流泪。除冻器也受不了高温，开始报警。那时他真想将驾驶舱顶篷"弹"掉来逃离热气，但恶劣的天气仍会使无顶篷的着陆危险不堪，因而座舱的炼狱还在继续着。

飞机的燃料耗得差不多了，罗纳和要着陆的机场联系，想直接飞回机场。人人都知道这很危险，因而罗纳征求地面控制台的意见。地面控制台告诉罗纳，由于机场风雨突然反向，着陆必须和平常的方向相反。他们正匆忙计算一些数据，无法立即给他关于降落的信息。罗纳的眼睛开始刺痛，眼泪已让他无法看东西了，幸运的是呼吸还没有问题，因为有氧气罩。

最后，地面控制台开始指引他降落。罗纳什么也看不见，云雾几乎笼罩着地面，他们让罗纳从最小倾斜度降落，那样如果低空没有云层的话，可以再兜一圈重试。罗纳冲出了云层，但前方却没有跑道，跑道在他左边300米处。一切危险都在今天来了。罗纳把操纵杆向前推，飞机上升，又飞回了云层。

"让我们告诉你如何做。"地面控制台说道，"我们来告诉你何时转向及转多少度角，以及何时离开。"罗纳仔细按照他们的指引去做。他在风雪中如瞎子般地飞翔着，祈祷来自地面的声音能让自己从云层中钻出来，出来时一个长而细的跑道能够正好展现在自己的面前。第二次，恰好罗纳飞到一个云层开裂处，他能看见了——否则只好再重来一次。穿过云层，他能分辨出自己所处的位置，这次他只是偏右了50米，他即向左转了个70°的大弯……好了，这次正对着跑道。但是此时，罗纳已经快到了跑道的尽头了，如果他试着降落的话，到跑道尽头处飞机肯定还会有很高的速度——这不是个太好的主意。

这时，罗纳想起了这样一句话："如果你没有选择的话，那么就勇敢迎上去。"除了将飞机拉起来盘旋一圈后再来一次，他别无选择。再试一次是很危险的，因为有很多细小的东西要校对，那一刻，罗纳毫无遗漏地照控制台发给自己的指引去做。现在有个好现象，就是座舱开始变凉快了，但此时，罗纳又陷入燃料即将耗尽的困境中，他开始后悔放掉了那么多燃料，现在飞机只剩下可再操作一次的燃料。他呼叫："如果此次我还不成功的话，给我指定一个人烟稀少的区域，我将跳伞。"

罗纳又来了一次。这次，当他还在云层中时，控制台就告诉他太靠左了。于是，他向右转了一些。但是控制台又重复道："你太靠左了，立即向右转！"罗纳还是看不到跑道。但基于两次右转尝试，他想："我可能已经到了正确位置，凭感觉我不想再改变位置了。"很多时候我们都要决定是听取别人的建议还是相信自己的感觉。罗纳飞快地做了选择。一旦做完选择，他就会面临三个结果：5秒钟内，他可能在跑道上，可能在降落伞上，还可能死去。罗纳当然选择降落在跑道上。毫无疑问，他根本就不想跳伞。当罗纳冲出云层时，跑道正摆在他面前。飞机着陆了。

故事中的罗纳跨上飞机时，也不知道即将会发生什么。但是，事情已经发生了，就得努力地想着如何解决问题。在最佳方案出来之前，能做的就是让自己冷静下来，认真地考虑自救的方案。问题已经发生了，恐惧已经解决不了任何问题，能做的，只有掀翻恐惧带来的阴影，放手一拼给自己寻找一线生机。哪怕这个生机很渺茫，但只有去做了才知道有没有机会获得新生。

我们试想一下，如果罗纳被突发事件吓傻了，瑟瑟发抖，什么也做不了了，那么等待他的还会是生还吗？

瞧性命攸关时，最重要的也不是恐惧，而是与看似不可能逆转的命运放手一搏。

这个世上还有什么比争取生命更困难更恐怖的事情？我们还有什么理由去逃避恐惧？

恐惧其实只是我们自己的一种心理暗示：这个很可怕，我们不能靠近。没有认真博一博，你用什么证明这个很可怕？

小马过河时，小松鼠急得从树上蹦下来，觉得这条河就是万劫不复的深渊，只要小马踏进去，它的人生就完了。但是那条小河真有这么恐怖吗？小马下水发现只是一条不深不浅的小河罢了。

所以，我们不要被别人影响，也不要被自己的想象、自己之前的失败影响。那些看似万分恐惧的难题可能恰恰是我们到达成功彼岸的捷径。我们不要被它的表面吓着，去尝试，去放手一拼，成功喜欢勇敢的人。

7. 只要你自强不息，绝望也会给你一线生机

这个世界没有从天而降的好事，坐在地上时不要指望别人把你拉起来。你自己都没有站起来的欲望，别人又怎么会自讨没趣地跑过来对你说："把你的手给我，我拉你一把。"除非你把你想站起来的这种姿态表达出来，路人经过时会产生那么一个概念：那个人想站起来。只有这样，他们或许会走过来拉你一把。

在没有到某种境地时，很少有人会轻言放弃。但是，如果这种境地让人有身处悬崖之感，已经没有勇气走下去，或者认为走下去只有粉身碎骨一个下场时，才会带痛选择离去。

绝望就像跨不过去的悬崖，之前再热血澎湃的心有了绝望的想法时，也会慢慢凝固，激情不再。但是，我们有没有想过，如果遇到绝境时，我们自己都放弃了，那么绝境凭什么给你留一丝喘息的机会，凭什么给你一线生机？自己都没有珍视自己的希望，别人自是更不会为你考虑了。你的成败与别人有什么关系呢？

这个世界没有从天而降的好事，坐在地上时不要指望别人把你拉

起来。你自己都没有站起来的欲望，别人又怎么会自讨没趣地跑过来对你说："把你的手给我，我拉你一把。"除非你把你想站起来的这种姿态表达出来，路人经过时会产生那么一个概念：那个人想站起来。只有这样，他们或许会走过来拉你一把。

自强不息和绝望是两个看似毫无关联的词，其实还是有些渊源的。自强不息的信念是摧毁绝望的利器，你强了你坚持了，那么绝望就弱了就要逃避了。

所以任何时候，我们都不要忽视自身的作用。只要你自强不息，绝望也会给你一线生机。只要你坚持下去，挺过了就是另一番风景。

我们一起来看看这个故事：

他出生于美国爱达荷州一个平凡的家庭，父亲是一位退休的天主教浸礼会牧师，所以很小时他就有机会在教堂排演的剧目中登台表演。八年级时，他开始痴迷表演，立志以此为业。毕业后，像其他想当演员的年轻人一样，他只身来到好莱坞，想要开拓自己的事业。

然而，追寻梦想的道路从来都不是一帆风顺的，在起初的那些日子里，他只能在环球电影院做引座员来赚钱糊口，他甚至无法负担起一间公寓的费用，与别人在阴暗拥挤的公寓楼合租，不得不在无数个夜晚睡在衣橱里做着自己美丽的梦。

没有人支持，没有人理解，生活中充满了嘲笑和打击，没有机会，没有捷径，梦想像是上帝对他开的一个玩笑。在那些充满了绝望和迷茫的日子里，他的生活被沮丧占据，残酷的生活压力压得他喘不过气来。他曾一度想要放弃梦想，他想，算了吧，他不过是个平凡的小角色，怎么能异想天开梦想成为大明星呢？

　　偶然的一天，他打算从阳台上的杂货堆里捡些废物卖了以支付自己的房租时，意外地发现在露天的阳台一角，在那个堆满了杂物凌乱不堪的肮脏角落里，竟然生长着一株小草。只有两三片叶子，纤细得犹如婴儿的睫毛，嫩绿的叶芽，在灰色的杂物堆里分外显眼，柔嫩的身躯，哪怕是一阵微风也会让它为之一颤。

　　这样一株小生命，竟然在这样一个没有足够水源和养分的地方却依然昂首挺立着，他很是惊讶，几乎花了一上午的时间，蹲在这株小草旁边，看着它一次次骄傲而倔强地挺起头颅，并快乐地抖动着，像是在昂首挺胸地迎接下一轮强风的侵袭。他的眼睛湿润了，不过是一株渺小的草而已，竟然在如此恶劣的环境下依然能坦然面对命运的一次次打击并努力给予最顽强的对抗。他心灵深处的某块柔弱被触动，他那被生活的冷水浇熄的梦想之火又逐渐燃起。

　　他开始付出更多的努力，兼多份职，花更多的时间去学习专业的表演理论。终于，他有机会在一些戏中获得一些无足轻重的小角色，没有人会觉得这个演艺生涯并不出彩的小伙子会成为好莱坞的明星。他不计较别人的评价，也不在乎眼下的得失，只是努力着，坚持着，当生活一次次打击着他的热情时，他一次次地想起那株不畏风雨而努力挺立的小草，因为他相信，唯有持之以恒地坚持努力，才能化逆境为风景。

　　终于，在大小银幕上出演了一系列不起眼的角色之后，他终于时来运转，他加盟美剧《绝命毒师》并担任男二号，这部剧在 2010 年和 2012 年两度拿下艾美奖剧情类最佳男配角的荣誉。他就是亚伦·保尔，一个没有显赫背景，没有出众外表，但却有着一颗愿为梦想持之以恒的决心的人。

2013 年《绝命毒师》最终季的播出，人气一路飙升，亚伦·保尔也被选为商业动作片《极品飞车》男主角，成为准一线的大银幕男主角。很多人说亚伦的成功，不过是取决于他的好运罢了，然而，当2014 年《极品飞车》一上映便取得成绩不菲的票房时，当电影院中，观众为主角亚伦·保尔开车滑过狭窄的街角，在一条封闭的高速公路上开到每小时 200 公里的精彩表演喝彩时，那些说他走好运的人都沉默了。要知道，大部分的飙车戏，都不是特技，而是他本人的真实演出，但在此之前，他并不是一个专业赛车手。

然而，这部以真实感博得眼球和喝彩的影片，也是亚伦取得这个角色的条件，在影片中多场激烈的追逐竞赛中他必须自己出镜参与很多真实的飙车场景，而不用任何电脑特效。为了这个得之不易的机会做好拍片准备，他在洛杉矶外的国际赛车场专门训练赛车技术，从普通轿车一直练到野马赛车。开爆无数车胎之后，亚伦已经能做到把高性能赛车一个甩尾停在摄像机镜头前一步之遥的地方。

从一个默默无闻的龙套角色，到好莱坞的当红小生，亚伦·保尔用他坚定的意志力和强大的决心以及常人无法理解的努力一步步向自己的梦想靠拢，因为，他知道，人生向来如此，平凡的人追求梦想不会有康庄大道，仿佛一株破土而出的小草，等待它的也许有风和日丽，但也要学会面对狂风骤雨，更重要的是，无论面对怎样的困境，学会坦然面对，在逆境中依然坚持不懈地努力茁壮成长，那逆境，终将成为另一道美丽的风景。

亚伦·保尔，好莱坞的当红小生。他并不是轻易就跨上舞台，成为万人瞩目的新星。他也努力过奋斗过，饱受挫折，想过放弃。但是他被一棵小草激活，终于斗志昂然地在绝望中坚持了下来。命运最终没有辜负他的坚持，在绝望中虚开了一条缝，给了他一段不一样的人生。

自强不息是一种境界。并不是在还没长成时，制定远大的目标就是自强不息，而是经历逆境，别人以为不能坚持时还是勇敢地坚持了下去。这关乎一个人的意志信念和蓬勃向上的精神修为。

我们不能苛责命运的不公，不能要求挫折对我们网开一面，在大石头滚向我们，压在我们身上时，诚然我们不能立即就把大石头推开。我们允许自己静静地修行，偷偷地储蓄能量。可以短暂地给自己休整的时间，但是绝不能认同了这个命运，觉得自己再无出头之日，便轻易妥协放弃。

我们就像石头下的草，这一季被石头压伤了，压坏了，没事，还有下一季。如果你自己都不愿给自己下一季的机会，那么人生当真只能选择失败了。不是石头吞噬了你的生机，而是你给自己种下了绝望种子。

我们每个人都有可能遇到被大石头碾压的情况，当我们不能回避时，就果断地迎上去。只要你自强不息，绝望也会给你一线生机。

8.你所受的苦，总有一天会照亮你未来的路

人的进步必须通过不断攀爬，在竞争中或强于别人，或弱于对手。只有通过对垒实战，经受足够的淘汰与被淘汰，才能让自己站得更高。固然这样的过程很残酷，随时都可能伤痕累累或一败涂地。但是，不经历这些，我们就只能一直站在山脚边。

在世人的眼里苦难是人生中的坎，没有人喜欢有坎的路。所以但凡遇到苦难时，身边总有人出言安慰，然后动员我们不要再执着于自己的梦想，完全可以抛开这条坑坑洼洼的道路，另辟蹊径。这个时候的我们是最脆弱的，这样的话听得多了，难免心生退意。

他们的出发点肯定是好的，想让我们少受些苦难，过平坦一些的生活。但是，平坦的生活并不适合有抱负的我们。人的进步必须通过不断攀爬，在竞争中或强于别人，或弱于对手。只有通过对垒实战，经受足够的淘汰与被淘汰，才能让自己站得更高。固然这样的过程很残酷，随时都可能伤痕累累或一败涂地。但是，不经历这些，我们就只能一直站在山脚边。

那些看似的平坦，究其根源只是因为你一直站在山脚边。想实现

自己的价值，没有往上爬的劲头自是不行的。想成功，我们必须要打破虚假的平坦，把自己送到上山的路上。我们是受了苦，甚至奋斗的过程中还会出现更大的苦难，但是既然你的梦想在山顶上，我们就要有抵抗苦难的心，不管遇到什么，都要冲上去！

1983 年的一天，在美国亚利桑那州图森市的一家医院，一个女婴呱呱坠地，令她的父母异常惊愕的是，女婴居然一出生就没有双臂，连见多识广的医生也无法解释这个奇怪的现象。

在父母的疼爱下，女婴一天天地长大，成为一个可爱的小女孩。

那天，站在阳台上的女孩，看到与自己同龄的一群孩子正张开天使般的双手，在阳光下欢快地奔跑着追逐翩翩起舞的蝴蝶，女孩十分伤感地向母亲哭诉命运的不公，竟然不肯馈赠她拥抱世界的双臂。

母亲平静地安慰她："孩子，上帝的确有些偏心，但上帝是要送给你更多的梦想，要让你用行动去告诉人们——即使没有翅膀，也依然可以高高地飞翔，就像没有修长的十指，你同样可以弹出美妙的琴声，可以写出漂亮的文章……"

"我真的能做到那些吗?"女孩仰起头来。

"只要你肯努力，就能做得到，只要你的梦想没有折断翅膀，你就一定能飞得很高很高。"母亲温柔的目光里充满了不容置疑的坚定。

女孩相信了慈爱的母亲的话，目光一遍遍地抚摸着自己那双看似普通的脚，心中暗暗地告诉自己：我有一双非凡的脚，不只是用来奔走的，还是用来飞翔的。

此后，在父母的指导、帮助下，女孩开始有计划地锻炼自己双脚的柔韧性、灵活度和力量。怀揣梦想的她，克服了人们难以想象的困难，尝过了谁都无法数清的失败，终于在人们的惊讶中，练出了一双异常自由灵活的脚——她不仅可以用双脚吃饭、穿衣，轻松地实现生活的自理，还学会了用脚弹琴、写字、操作电脑……她用双脚做到了几乎是常人所能做到的一切。

女孩开始在人们面前自豪地展示自己非同寻常的"脚功"，起初遇到的那些异样的眼光，渐渐地充满了惊讶和钦佩。在她 14 岁那年，女孩彻底地扔掉了那副装饰性的假肢，一脸阳光地穿着无袖的上衣，走进校园、商场、街区……仿佛自己根本就不缺少什么，除了常人那样的一双臂膀。

女孩在继续着创造奇迹的脚步，她读书刻苦，作业写得总是一丝不苟，从小学到中学，她的学习成绩始终名列前茅，老师和同学们都十分敬佩她的坚毅和自强。当她拿到亚利桑那大学的心理学专业的学士学位证书时，一家人幸福地拥抱在一起。父亲自豪地鼓励她："孩子，你还可以做得更棒！"

"是的，我还可以做得更棒！"女孩自信地笑着。

为了增强腿部肌肉的力量，保持腿部的灵活性与韧性，女孩不仅坚持经常性地跑步，还成为碧波荡漾的泳池里的一条自由穿梭的美人鱼，还成了一家跆拳道馆里小有名气的高手……一位医生曾指着给她拍的 X 光照片，惊奇地喟叹："经过锻炼，她的双脚已变得异常敏捷，她的脚趾关节已像手指关节一样灵活自如。"

女孩的梦想还在不停地放飞着，她又走进了汽车驾驶学校。在教练员惊讶的关注中，她很快便掌握了驾车的各项技术，通过了近乎苛刻的各项考试，顺利地拿到了驾照，开始用双脚娴熟地驾车御风而行……

接下来，女孩要去圆自己心中埋藏已久的梦想了——她要亲自驾驶飞机，拥抱苍穹。

曾经培养出许多飞行员的著名教练帕里什·特拉威克一看到亲自驾车来报名的女孩，就知道她一定会飞上蓝天的，就像一只矫健的雄鹰那样，不仅仅因为她那娴熟的驾车技术，还因为她目光中流露出的从容、淡定与果决。

果然，女孩在学习飞机驾驶的时候，丝毫不逊色于那些身体健全的飞行员，她一只脚操纵着控制板，另一只脚操纵着驾驶杆，滑行、拉起、升空……她冷静、沉着，每一个动作都十分准确、到位，比不少学员表现得都出色。教练帕里什·特拉威克后来回忆说："事实证明，她是一个优秀的飞行员，她驾驶飞机时非常冷静和稳定。一旦你和她在一起待上 20 分钟，你甚至就会忘掉她没有双臂的事实。她向人们展示，人们可以克服所有的限制，她真是太令人难以置信了。"

25 岁的女孩如愿地拿到了轻型运动飞机的私人驾照，成为美国历史上第一个只用双脚驾驶飞机的合法飞行员，开创了飞行史的先例。女孩的名字叫杰西卡·考克斯。

如今，杰西卡·考克斯已是美国家喻户晓的英雄，她靠双脚生活和奋斗的感人故事，给世人带来了巨大的心灵震撼和精神鼓舞。

在美国数百场的演讲中，杰西卡·考克斯说得最多的一句话是："你的梦想有多高，你就可能飞多高。"

没错，即使你生来就没有翅膀，但你依然可以高高地飞翔，因为你心中永不跌落的梦想，会为你生出自由翱翔的双翅，会给你传递无穷的力量，会帮助你创造无法想象的奇迹。

每个人的起点是不一样的，每个人面对的问题是不一样的，但是这些都不是我们可以放低我们人生追求的佐证。一个人铆足劲往上冲的时候，就像刚打足气的气球，充满激情，一心想飞出去。但如果开始质疑为什么坚持，对自己的信念开始犹豫的时候，气球就出现了漏气的现象，看似只松懈了一点点，却能直接导致气球掉在地上。

打败我们的不是我们经受的苦，而是因为苦带来的浮躁的心情。

苦真的算不了什么，和杰西卡·考克斯的先天不足比起来，我们后天所经受的那些苦又算得了什么？那只是人生的必修课，就像香甜可口的甜瓜没有完全成熟前，也必须经历苦涩的阶段。为了心中的那个梦，为了我们渴望的香甜，我们有什么理由向苦难屈服？

就像她说的那样——你的梦想有多高，你就可能飞多高。心里有了这个高度，我们就要努力达成，而不是懦弱地仰望！我们不能奢求成功的道路异常平坦，人生不是童话，不是靠美好的想象堆积出来的，是靠自己的努力，一步步走出来的。

事实就是这样，苦难是成功路上的必修课。我们不能因为苦难就放弃我们的理想，想达成理想，苦难必不可少。但是，没有关系，只要我们不改初衷，那些我们看似无法跨越的苦难都将被我们顺利地跨越过去。我们所受的苦，总有一天会照亮我们未来的路！

第四章
没有人能够打败你，除非你自己

　　能决定最终结果的永远只有我们自己。这个世界上没有谁能够打败你，持续你的坚持，所有问题总会在某一天迎刃而解。只有让自己变得勇敢，你才能让自己有翻盘的机会；只有给自己足够的信心，你才能发掘自己的无限潜能，努力去实现自己的梦想。你想有什么样的人生，看的就是你能不能坚持到底，能不能在坚持过程中积极地完善提高自己的能力。

1. 没有谁能够打败你，除非你自己

这个世界上没有谁能够打败你，除非你自己！只要你对自己有信心，只要你坚持自己的理想不放弃。外界的刁难算得了什么？顶多就是多重复几次倒下再爬起来的动作罢了。

或许只有经历了挫折我们才能懂得，遭遇的阻力就是阻力，涌起的痛苦情绪就是痛苦。它们不会因为我们不想就变得没有。这就是无法改变的现实。

我们不能轻易改变我们身处的环境，这个世界总有我们不喜欢的人，或是我们看不懂的事。如果我们在第一次正面接触时，就逃之夭夭的话，那么就不会再有后面的故事。想把机会延长，还是就此画上句号果断放弃，只在我们一念之间。

对，事实就是这样，只有我们自己才能决定我们要不要放弃，而不是别人。所以遇到任何问题时，能决定最终结果的永远只是我们自己。

这个世界上没有谁能够打败你，持续你的坚持，所有的问题总会在某一天迎刃而解。如果你打了退堂鼓认同了失败，那么你只能接受

失败。

只是——你甘心这样的失败吗？

我们一起来读读下面这则故事：

卡尔，美国历史上第一个黑人潜水员，第一个黑人一级军士长。成名后的卡尔，自然受到多方的"青睐"，有记者问："你是怎么成长起来的？"

卡尔没有马上回答记者的提问，只是谈了自己的经历。

经过多番努力，16 岁的卡尔终于成为新泽西州的潜水员，这让他兴奋不已。可第一次理论考试，只上过七年级的卡尔考了 37 分。37分，在班上是个什么名次，卡尔心里比谁都清楚。正当他十分沮丧时，校长找来了，警告说："要是下次再不及格，开除！"

卡尔怔怔地看着校长，心里默念着："我就不相信赶不上白人士兵！"

礼拜天，白人士兵们三五成群地开车去镇上喝酒、狂欢，卡尔却以打扫卫生作为交换条件，请求图书馆管理员允许他 48 小时待在这里自习。晚上，他们邀三约四去聚会，卡尔却孤灯只影地在啃着书本。

功夫不负苦心人，第二次考试，卡尔得了 94 分。

潜水课上，白人士兵潜水的时间是 3 分钟，可校长要求卡尔在水里待的时间至少在 5 分钟以上。未入水前，校长就戏谑卡尔："黑小子若能活着上来，我的头发就要白了。"

事实上，每次潜水，卡尔在水里待的时间都在 5 分钟以上。

毕业考试时，有一道特别的训练课题——士兵们必须潜到 300 米下的海底，将随即沉入的工具包里的零件组装好，并送上甲板，才算合格。

白人士兵 3 分钟之内都顺利地完成了任务，被拉上了甲板。可是，轮到卡尔时，却一直不见人上来。9 个半小时后，卡尔才向海面发出讯号，他终于组装好了阀门……

原来，校长刻意用利刀割破工具包，然后扔进海里。那些小阀门、小零件、小螺丝，天女散花般散落在黑暗幽深的海底，卡尔必须将它们一个一个从沙子、淤泥里找出来，才能进行安装。这样一折腾，不延长时间才怪。

"要感激的是校长！他是我生命中的好人。如果没有他，我会像许许多多白人士兵一样，默默无闻！"卡尔向记者们透露着自己的心迹。

"我所知道的事实，不像你所说的那样！"有记者直言不讳地说，"因为你是黑人，校长一直在轻视和排斥你。他的所作所为，都是在想方设法地整你！"

"不！"卡尔认真地说，"恰恰是这种整人的近乎没有人性的训练，成全了我。在训练时，我始终把校长看成一个严厉的教练，把他对我的轻视和排斥，当成了巨大的动力。如果没有它，在冰冷的海水里，我会瑟瑟发抖，一事无成。"

生活中，我们难免遇到像校长那样的"好人"。在遭遇不公或轻视时，如果能像卡尔一样，将所有的不公与轻视化成一股奋进的动力，就不怕成功不来敲门。

白人校长严重歧视黑人，所以当黑人学生卡尔进入他的学校后，他总是一而再，再而三地设绊儿，想让卡尔知难而退。在这样的情况下，按我们常规的理解，身处劣势的卡尔怎么可能会是校长的对手？他肯定会一败涂地。但是他却以坚强的意志一次又一次地打破极限，坚持到了最后。

他的成功来之不易，但不管如何，想打垮他的人终究没有将他打垮，在如此悬殊的实力面前，他还是成功了。这说明了什么？这个世界上没有谁能够打败你，除非你自己！只要你对自己有信心，只要你坚持自己的理想不放弃。外界的刁难算得了什么？顶多就是多重复几次倒下再爬起来的动作罢了。

威震洛杉矶奥运会和汉城奥运会的世界最著名的短跑名将刘易斯，小时候个子比同龄儿童要小，常被人嘲笑为发育不全。他体育成绩也很差。15 岁时急剧发育，不到两个月长高了 3 厘米多，他欣喜若狂。不料灾难同时来临，他的膝关节比普通人大了近一倍。

一位有经验的骨科大夫说，他患了一种顽症，搞不好要瘫痪。很长一段时间，刘易斯被病痛折磨，整天胡思乱想。父母、亲朋好友和医生鼓励他振作起来，他也渐渐地树立起战胜病痛的信心。后来他勇敢地忍受了治疗的痛楚和艰难。伤痛全好后，刘易斯开始练习田径。一年后，便向人们展示了超群的才能。

或许我们的对手真的很强悍，或许我们目前的实力真的打不过他，但是明天呢，后天呢？谁能断言我们一定不能打赢他？

只要坚持下去，在恰当时，给对手恰当的一击。终有一天，你会成为赢家。成功不是你一路都出类拔萃，而是你最后可以出类拔萃。

所以，别人是不能打败我们的，任何时候我们都不要轻易打败自己。坚持到最后，就会成为赢家。

2.你无须怕什么，尤其不能怕挫折

人生的挫折是无处不在的，我们不要浪费时间去害怕什么。在跌倒的第一瞬，不要让害怕吞噬我们的心神，让自己变得很可怜很可悲。别人的同情与你于事无补，我们要做的不是用我们的害怕、我们的可怜博取别人的原谅与同情，而是要让自己成为打不败的强者，跌倒一百次就能勇敢地站起一百次。

意外是无处不在的。

明明看着万无一失的项目，几近成功时，却突然来了一个大转折，让你一败涂地；明明看似花团锦簇的前景，你一涉足就变成了镜花水月。当拥有的一切变成虚幻时，害怕就接踵而来。你不知道你如何面对你背后的亲人，不知道如何迎来你的下半段人生……

但是，害怕能解决什么问题？只有让自己变得勇敢，才能让自己有翻盘的机会。

这个世界是勇者的世界。想成功，首要的一点就是让自己勇敢起来。勇敢地面对生活中的骤变，勇敢地尝试自己不曾探索的领域，勇敢地在最坏的情境下给自己找出一条生路。

人生的挫折是无处不在的，我们不要浪费时间去害怕什么。在跌倒的第一瞬，不要让害怕吞噬我们的心神，让自己变得很可怜很可悲。别人的同情与你于事无补，我们要做的不是用我们的害怕、我们的可怜博取别人的原谅与同情，而是要让自己成为打不败的强者，跌倒一百次就能勇敢地站起一百次。

这个世界只会给勇者让步，绝不会因为同情弱者，给哭泣的人一块糖果。

如何在挫折中，让自己摆脱害怕，是每一个渴望成功的人的必修课。

2013 年 10 月 9 日，威尔迪搭乘好友艾瑞克的小飞机去看望远方正在热恋中的女友。登上飞机的那一刻他怎么也不会想到，自己迎接的将是一段永生难忘的记忆。

那天傍晚，威尔迪和艾瑞克谈笑风生地走进机舱后，飞机在艾瑞克的控制下升上了天空。紧接着，威尔迪看见艾瑞克一下下地按着按键，将飞行模式设定成自动驾驶。然后，他转头望向窗外，看着地面上阑珊的灯火，想着自己朝思暮想的女友。忽然，威尔迪听到了呻吟声，他好奇地转回头，艾瑞克？艾瑞克！紧捂着胸口的艾瑞克冲威尔迪摆了摆手，然后强忍着按动了控制面板上的一个按钮，发出了呼救信号。随即，话筒里传来亨伯赛德国际机场传来的反馈信息。"我现在生病，无法继续驾驶，请求迫降。"话音未落，艾瑞克紧握话筒的手就松开了，他昏倒在地。

"艾瑞克，艾瑞克！"威尔迪不停地大声呼叫着。"喂，喂，听到请讲话，听到请讲话！"话筒里传来焦急的声音，威尔迪这才意识到，他此刻还在飞机上，飞机无人驾驶。威尔迪惊出了一身冷汗。他一手抱着艾瑞克，一手抓起了话筒，"驾驶员昏迷，驾驶员昏迷，我是乘客，我不会驾驶。"说完，威尔迪看着紧闭双眼的艾瑞克，暗想，难道今天你我就要粉身碎骨吗？正想着时，话筒里又传来声音："先生，请别怕，我们为您请来了两名最优秀的地面飞行教练，您一定可以在他们的帮助下安全降落地面。"

我能行吗，我可以吗？威尔迪问着自己时，身体已经不由自主地坐到了驾驶位置上，虽然他没有驾驶经验，但此刻，他别无选择。

"对，对，控制面板第一排左边的那个按钮，旋转，对旋转。"话筒里不时传来地面驾驶教练的说话声，威尔迪按照指令，两只眼睛左寻右看，两只粗大的手来回摆弄着那些密密麻麻的按钮。时间嘀嗒嘀嗒地过去，威尔迪显得手忙脚乱。"哦，别慌，千万别慌，你可以的，你完全可以的。"几十分钟后，威尔迪一点点冷静下来，他按照指令找到了好多个按钮！

飞机如愿一点点地下降，速度也在一点点地降低，威尔迪的内心有了一丝窃喜。"准备降落，3号跑道。"威尔迪按照指令操控着，"灯，灯在哪里？"威尔迪找了半天还是无法找到管控灯的按钮，任凭地面飞行教练怎样耐心地教。

飞机继续下降中，威尔迪必须马上操控降落了，虽然他无论如何也打不开飞机照明灯。此时，话筒里又传来教练的喊话，告诉他一旦不能落地要做的复飞动作和程序。威尔迪一一记好，然后按照指令下降。可是，触地时机身严重倾斜，不管威尔迪怎样试图调整都无济于事。随即地面传来螺旋桨碰到地面的巨大摩擦声和不断闪现的火花。

无奈，威尔迪只得把飞机再次升起，准备再次迫降。

一次、两次、三次，第四次时，威尔迪终于在一个半小时的飞行后成功迫降，这简直让人难以置信。走出机舱时，一片如潮的掌声中，威尔迪看到警察、消防人员、救护人员以及机场管理人员一张张关切的笑脸。

和死神抗衡的一个半小时的飞行经历，成了威尔迪永生难忘的记忆。他用冷静、自信和坚持安然渡过了人生的险境。面对记者发问，威尔迪总会幽默地回答，奇迹就产生在一个个不可思议中，不把自己逼到绝境，你永远不知道自己有多棒。

人生难免会遭遇困难、险阻甚至绝境，常常我们以为自己翻不过那道山、走不过那道坎，但如果你打起精神，在永不放弃中寻求突破，或许就能在不可思议中超越了自己。说到底，这世间真正能救你的，只有你自己，除此外，别无他法。

在生死关头，威尔迪摆脱了恐惧，坐到了飞机驾驶员的位置。在地面飞行教授的指导下，终于从死神的手掌心里逃了出来。

死亡都不足以令一个人恐惧，何况是小小的挫折呢？在生与死面前，挫折算得了什么？

其实，我们认真想想遭遇挫折时，我们最害怕的无非是几种情况：一，别人会怎么看你，你在别人眼里一定很没用；二，怎么辜负了亲人的信任，有无颜见江东父老的羞愧；三，在这条路上坚持下去是不是还会失败……

不管哪一条，都是从我们主观的角度去看待遭遇挫折后的事态走向，最关乎的就是我们的颜面。就算被别人嘲笑讽刺了怎么了？他们的嘲笑对我们的人生有什么大的影响？会强迫我们往后退吗？我们是遭受挫折，但不是背叛亲人。我们更需要做的是快速地站起来，给自己第二次战斗力，早点达成目标，不辜负亲人的期盼。至于会不会再失败……怕了就不会失败了吗？这和杞人忧天有什么不同呢？所以，我们害怕的只是自己的多虑罢了。

在通往成功的过程中，总有这样那样的挫折。遭遇时不要害怕，记住，成功只垂青勇者。

3.永远拥抱自信，勇敢地去实现自己的梦想

永远拥抱自信，勇敢地去实现自己的梦想。在奔向成功的路途上，我们需要足够自信，这才能让我们顶住很多和我们想法相左的言论带来的压力。这个世界上除了你再没有一个人可以是你，如果连唯一的你都不能给自己足够的信心，那么你就会很失败。

不知道是不是谦虚做人的古训"太深入人心"了，经常听到有人说这个我不行，那个我不行，好像说我行是很丢人的事。当真是谦虚也就罢了，问题是几次三番的谦虚下来，骨子里都带着对自己"不行"的认知了。这个时候不行已经不是对别人的一种谦虚说辞，而是一种从骨子里散发出来的不自信了。

不要总觉得自己不行，这个世界上没有谁是肯定不行的。行不行不是靠想象，而是得先做，做了之后再看结果。如果过早地下定论，我们就斩断了自己的机会。事实就是这样的，一个对自己都不信任的人，如何去获取别人的信任呢？

正是因为有这种想法，很多时候，把我们希望的萌芽扼杀在摇篮里的不是别人而是自己。这是很让人唏嘘的事情。我们不要让这样的

遗憾产生，不管之前我们对自己有怎样的认知，从现在开始，我们要自信起来。

永远拥抱自信，勇敢地去实现自己的梦想。在奔向成功的路途上，我们需要足够自信，这才能让我们顶住很多和我们想法相左的言论带来的压力。这个世界上除了你再没有一个人可以是你，如果连唯一的你都不能给自己足够的信心，那么你就会很失败。

2015年4月4日，一段探戈视频突然在网络上爆红，短短5天，观看者就超过5万人。视频中，一位体态轻盈的美女在翩翩起舞，在1分32秒来了个四周旋转，随后在4分22秒再次开挂……在场嘉宾大声欢呼，所有的网友目瞪口呆。因为，这位探戈皇后已经92岁高龄，她在用特殊的方式为自己庆生。

她叫苏斯，1923年出生于美国。50岁之前，她的生活轨迹和一般女子毫无区别，在每个阶段按部就班波澜不惊。她的父亲是一位园艺工人，母亲身体不好，在家照顾几个孩子。苏斯很早就辍学了，打了几份工补贴家用。后来，她认识了马克，两个人很快步入婚姻的殿堂。接下来，苏斯一次又一次扮演着妈妈的角色，并且把儿女抚养成人。

青春易老，不知不觉苏斯已经50岁了。儿女们都已长大，他们希望母亲能快乐地度过晚年，平时到公园里散散步、遛遛狗，约几个好友喝杯咖啡，或者坐在摇椅上晒晒太阳。但是苏斯并不想这样，她感觉自己并不老，美好的生活才刚刚开始。于是，苏斯开始重新选择生活方式，这让她的后半生熠熠生辉，精彩纷呈。

就在这一年，苏斯对时装产生了兴趣。她到服装店做了一名售货员，仔细观察流行的时装趋势，调查女士们的穿衣喜好。她还经常去观看时装秀表演，闭门在家研究相关资料。在家人的支持下，苏斯开了一家公司，创立了自己的服装品牌。

几年后，她的服装生意蒸蒸日上，她在服装行业声名远扬。海湾战争爆发了，苏斯已经 63 岁。她突然做出一个惊人的决定：参军。她不顾老公和儿女的强烈反对，一意孤行，经过重重筛选，严格训练，她如愿以偿地成为一名空军战士。在担任 C－141 运输机的机务长期间，她表现出色，成功完成补充给养任务。

人的心一老，什么都老了。但苏斯的心始终年轻。她珍惜当下的生活，有兴趣的事情就一定去做。虽然头发已经花白，脸颊也密布着皱纹，但她不想拄着拐棍老态龙钟。她要保持健美的身材，健康的身体，要像轻盈的燕子一样在生活中滑行。退役之后，苏斯的新生活又重新开始了。

70 岁时，她喜欢上了音乐、荡秋千，还积极学习意大利语和法语。在此之前，她对音乐一窍不通，更别提受过什么训练。她请了音乐老师，每天来家上音乐课。还请了外文老师，教她别国的语言。她孜孜不倦地学习着，并且乐在其中。

在人们的印象中，荡秋千是一件悠闲惬意的事。而苏斯玩的秋千却是惊心动魄、危险万分。高空中，她仅用一根细绳系在腰间，倒挂着，从一个高杠荡到另一个高杠上。别人劝她别拿生命开玩笑，苏斯笑称，这样刺激的事情真酷。在荡秋千时，她突然来了灵感，作词作曲写了自己的第一首歌。在一次晚会上当她演唱自己的作品时，获得了雷鸣般的掌声。

一次失手，她从高空中摔下来。伤好后，她不得不远离了心爱的秋千。在一位朋友的介绍下，她第一次走进瑜伽课堂，并深深爱上了这项运动。那一年，她85岁，却兴致勃勃地向身体发起挑战。每天都要一丝不苟地练习，任何事情都不能打断她。做瑜伽的她活力四射，身体柔韧灵活，可以做各种高难度动作。双手撑地，身体悬空，与地面保持平行；可以单腿独立一个小时。她说，瑜伽是与自己的身体对话，并发现身体的巨大潜能。

就在92岁时，她又爱上了阿根廷探戈。对美和运动的热爱，使她爆发出惊人的舞蹈才能。她终于又找到一种表达自己的方式，找到了自己最佳的才能生长点。视频中，跳着探戈的92岁的苏斯美若天仙。

生活中，很多人都在抱怨，已经晚了，不然的话我也能够成功。其实，这不过是懒惰的借口。对真正有追求的人来说，生命的每个时期都是年轻的。永远没有太晚的开始，你最喜欢的那件事，才是你真正的天赋所在。做你喜欢做的事，上帝会高兴地为你打开成功之门，哪怕你现在已经80岁了。

年轻是我们最大的资本。这句话很被年轻人喜欢，它成了我们的口号。但是当50岁的苏斯准备追寻崭新的生活时，已然没有了这句话傍身，但是不管何种选择，她都活得有声有色。可见一个人最大的资本不是年轻，而是自信。

如果没有自信，苏斯绝对没有这么大的勇气给自己不一样的生活，不管是服装生意，还是在63岁时选择去参军，或是在85岁时选择做瑜伽。没有涉及就开始怀疑的话，她能全身心地投入吗？

所以，任何时候我们不要给自己往后退的理由，我们要做的只有一条：告诉自己，你能行！只有拥有了这种坚定的想法，才能追随着自己的梦想走下去。人就是这样奇怪的动物：你觉得你行，你真就行了；你觉得你不行，你就当真不行了。

我们需要给自己足够的暗示，是鼓励自己前行，还是阻碍自己发展全凭自己的信念。人生苦短，与其一事无成地走过，为何不给自己点燃一把奋起的火把，让自己好好奋斗一场呢？

自信不是难事，永远拥抱自信，也不是很困难的事。当你可以信心满满地把梦想放到自己心头，觉得自己可以时，只要勇敢地坚持下去，迟早有一天会实现自己的梦想。抓住了自信，梦想就不会离我们太遥远。

4.你要相信自己的潜力无限，坚持去追求自己的梦想

在追逐梦想的过程中，我们不要急于给自己打分。我们要做的是肯定自己，相信自己。不管自己遭遇什么样的挫折，我们都有理由相信，所有的困难都只是暂时的，我们的潜力是无限的，只要我们坚持下去，积极地用我们的行动去坚持，我们终会把我们面前的难题打败。

人都是有潜力的。所以在潜力没有激发出来之前，千万不要就给自己下定论，我就是慢吞吞的个性，我天生就如何如何……

如果万事天生都能决定的话，那么要后天的努力做什么？那些所谓的理由无非就是给自己不去努力找借口罢了。如果你一定要拿这些压根儿算不上理由的理由来蒙蔽自己，让自己懒惰的心有所安慰的话，那么也只能"呵呵"，顺其自然了。只是眼看着身边的一个个小伙伴都超越你向前，你真的就没有一丝丝遗憾？不会产生一点点想要成功的欲望？

醒醒吧，朋友。抛开这些扯后腿的理由。人的潜力无限可能，并不仅仅只是表面呈现出来的几分。它等待你用你的热情，你的努力，你的自信去激活。你不去激活，再多的潜力也只能被浪费，那可就是

大事了。

不是你不行，而是你辜负了你的潜力。这不就类同于你在浪费生命吗？

这个世界没有谁注定会成功，也没有谁注定会失败。成功与失败的差别只在于你投入了多少，努力了几分。我们一定要学会给自己机会，当我们投入去做时，潜力总会露出它真实的一面，带给你意外的喜悦。

他出生在美国印第安纳州的一个普通的农户家，6 岁那年，父亲不幸去世，留下母亲和他们兄妹三人。为了维持生计，母亲早出晚归，四处揽活，基本上没有时间照顾他们。作为长子，他十分懂事，主动承担起照顾弟弟妹妹的责任。

12 岁那年，母亲不堪生活的重负，带着他们改嫁了，然而他和继父的关系却处得不是很融洽，他时常有一种身在别人屋檐下的感觉。为了不看继父的脸色生活，他决心自立，靠自己勤劳的双手去改变命运，让弟弟妹妹过上幸福的生活。于是，小学还未毕业他就辍学了，在一家农场找了一份零工做。尽管农场的工作十分辛苦，但自食其力的感觉还是让他无比欣慰。

怀着对未来美好的憧憬，他孜孜不倦地努力着，在农场一干就是好几年。其间，他也从一个小孩长成了一个大人。长大后，他渐渐意识到，农场的工作没有什么前途可言，不见天日的劳作仅能解决自己的温饱问题，根本无法改变自己的命运。

为了找一份更适合自己的工作，他果断地放弃了农场的工作，做了一名粉刷工。干了几年后，他发现粉刷工也不适合自己。接着，他又做了一名消防员，可依旧感到前途渺茫。此后，他又换了很多种工作，卖过保险，当过兵，做过治安官……可以说能够做的工作，他都一一尝试了一番，但他仍然没有找到一份适合自己的工作。转眼间，他已步入不惑之年。回眸这40年，他惶恐地发现，自己一事无成。那段时间，他彷徨到了极点，不断地追问自己，我到底适合做什么？如何才能取得事业的成功？

然而，生活的磨难并没有让他退缩，反而更加坚定了他的决心。短暂的痛苦后，他又继续寻找着属于自己的那片天空。不久，他在肯塔基州开了一个加油站，加油站的生意还不错，每天都有很多的客人，他由衷地高兴，眼里又看到了希望。

在开加油站期间，每每看到那些历经长途跋涉，饿得饥肠辘辘的司机时，他就动了恻隐之心，常常邀请他们一同进餐。那些司机对他做的美食赞不绝口，尤其是他做的炸鸡，味道十分鲜美。这突然让他有了一种想法，为何不准备一些方便食品，来满足这些司机的需求呢？何况自己的烹饪技术还不错。

说干就干，他在自己的加油站旁卖起了炸鸡。起初，人们只是来加油时买上一两只，但随后他们发现这儿的炸鸡口味非常独特，就介绍自己的亲戚朋友来买。没过多久，他的炸鸡就火爆起来，生意出乎意料地好，收入竟超过了加油站。真是"有心栽花花不开，无心插柳柳成荫"，他的炸鸡很快传遍了整个肯塔基州，于是人们纷纷来到他的加油站，有的甚至不是为了加油，而是专程来品尝他的炸鸡。

由于顾客剧增，加油站的地盘更容纳不下，他只好在马路对面买了一块地，专门投资修建了一个可容纳一百五十多人的快餐店，当然其中的主打食品还是炸鸡。然而，他的生意做得并不顺利，先是政府为了修路，拆掉了他的快餐店；接着，他被生活所迫，将炸鸡的专利卖给了别人；随后又因商标侵权，与人打了一场官司；直到88岁，他才真正拥有自己的事业。这个命运多舛的人叫作哈兰·山德士，就是肯德基的创始人。如今，他的炸鸡风靡全球，在世界上拥有一万五千多家连锁店。

原来，上帝的延迟并非拒绝，只要你认定一个目标，勇敢地走下去，早晚会迈进成功的殿堂。

我们都吃过这个大胡子的烤鸡翅，只是看完他的人生故事后，我们是不是有种惊叹，天哪，他小学都没毕业；天哪，他的第一份工作竟然是在农场打零工；天哪，他是在开加油站时才发现了大伙对炸鸡的喜爱；天哪，直到88岁，他才真正拥有了自己的事业。

人生就像一出戏，在戏结束之前，我们都不知道接下去的戏份是什么。但是我们不能因为我们的不知道就放弃我们对人生的探索。在追逐梦想的过程中，我们不要急于给自己打分。我们要做的是肯定自己，相信自己。不管自己遭遇什么样的挫折，我们都有理由相信，所有的困难都只是暂时的，我们的潜力是无限的，只要我们坚持下去，积极地用我们的行动去坚持，我们终会把我们面前的难题打败。

很多时候，我们需要做的是多相信自己一点，再有就是投入行动。

5.用强大的信念去鞭策自己的行动

我们必须给自己一种强烈的精神暗示，每天醒来就要明确地告诉自己，我的理想是什么。不要小看信念的作用，强大的信念会鞭策自己的行动。让自己有意无意地围绕这个信念去做。不管你的梦想是什么，只有努力去做了才有可能实现。

你的信念是什么？

在很多人眼里这个问题是唐突的，他们或许会反问：信念，什么是信念？瞧，当你不知道支撑你前行的信念是什么时，你往什么方向行动呢？

信念是一种心理动能，就是坚信不疑的想法，再说得通俗些就是很迫切想实现的梦想。如果你对梦想的渴望来得不强烈，你又怎么会全力以赴呢？

所以，我们必须给自己一种强烈的精神暗示，每天醒来就要明确地告诉自己，我的理想是什么。不要小看信念的作用，强大的信念会鞭策自己的行动。让自己有意无意地围绕这个信念去做。不管你的梦想是什么，只有努力去做了才有可能实现。行动是走向成功的真谛。

如果你一味地站在原地观看，不涉身其中，不去参与，你只能是这场游戏的观众。

打个不是太恰当的比喻。你很喜欢足球，你想成为球星。但是你不投入其中，只是在有比赛时买张票去现场找下感觉。即便你观看了所有的比赛，你也成不了球星。你只有让自己动起来，接受这项运动，参与这项运动，才有可能达成所愿。反过来说，你为什么没有参与到这项运动中去呢？只能说明你对成为球星的梦想不够执着，信念不强。

40年前，一个著名的演讲家在澳大利亚一个公共场合进行了一场精彩的演讲。演讲结束后，台下一个小男孩问演讲家："我希望长大后能去拍电影，请问，我是不是得经过正规影视方面的教育，或是经历一些特定的人生历程，才能正式开始拍摄电影，然后像您一样站在演讲台上给大家讲拍摄过的故事？"

演讲家说："不！你不需要等到别人允许时才开始讲故事。请问你叫什么名字？"

"巴兹。"

"好的，巴兹。待会儿你回家时，自己想一个故事，并在纸上写下来，然后拿上拍摄设备。你可以请你的家人帮忙饰演故事中的角色，以便你可以马上开始拍摄。你能做得到吗？"演讲家问小男孩。

"我想我做得到。"巴兹回答。

巴兹的确做到了。虽然他拍摄的故事只有短短两三分钟，内容也不精彩，但他从这件事当中受到了极大的启发。之后，巴兹不放过任何一个拍故事的机会，家里、学校及其他公共场合，甚至是郊外，只要他觉得有东西可拍，就会聚精会神地用相机记录下来。身边的人，包括被拍到的和没被拍到的，他们都当巴兹不存在，只管做自己的事情。

　　巴兹成年后干的第一份工作是加油站的服务员。每当有车子缓缓驶进加油站，他就能看到发生在不同性格的人身上的事。一些人在谈笑风生，一些人在吵架，一些人则在上演分手戏，他们来自不同的地方，然后又去往不同的地方。在车主眼里，巴兹俨然就是"透明人"。加油站的工作，逐渐让巴兹养成了善于观察的习惯。在他看来，自己所从事的工作除了加油以外，就是读懂各种各样的"角色"，这离帮助演员理解并呈现整个故事的导演职业已经很接近了。

　　之后，巴兹获得了一个学习戏剧和电影的机会。毕业后，他有幸获得了人生第一次拍电影的机会，还幸运地找到了一个投资人，为电影拉到了100万美元的投资。在拍摄电影的六周时间里，巴兹和两个合伙人投入了极大的热情。但是，电影拍摄完成之后，当地一家电影院的老板只匆匆浏览了一遍，并丢下一句话："这是我这辈子看过的最糟糕的一部电影！"随后，他取消了电影的上映。

　　巴兹和两个合伙人消极地跑到了海边，坐在一个种满椰子树的公园里。树上的椰子随时都会掉下来砸到人，他们却连安全帽也不愿意戴。但就在那时，巴兹意外接到了一个电话："你好，我来自戛纳电影节，名叫皮埃尔。现在，电影节将给你一个展映新电影的机会，请你在一周之内带着你的电影来戛纳放映。"

　　巴兹欣喜若狂，随后就带着电影去了戛纳。电影节上，这部电影被安排在午夜12点放映，但播映当天，它迎来了最多的观影人数。电影结束之后，巴兹被人群团团围住，皮埃尔在保镖的护送下走到他的跟前，并抓住他的手说："年轻人，从今天开始，你的人生将变得完全不同！"

皮埃尔说对了。因为那部小电影——《舞国英雄》，这个全名叫巴兹·鲁赫曼的年轻人不仅获得了800万美元奖金和十几个奖项，还顺利地进入了第二部、第三部电影的拍摄，他的导演生涯就此华丽展开。多年之后，巴兹·鲁赫曼的名字响彻好莱坞，他如愿以偿地站在了一个又一个演讲台上。每次演讲，巴兹·鲁赫曼都会提到自己年少时在不同场合当"透明人"的感受。他说："正因为或有或无的'透明人'身份，我拥有了更多、更好的角度去观察别人，然后拍摄出我想要的东西。在那时，或许很多人都觉得我的努力很不起眼，我却想：今天不起眼的努力，定会成就明天的了不起！"

巴兹·鲁赫曼希望长大后去拍电影，为了达成这个心愿，还是小男孩时，他就开始拿相机拍短片，即便不好却坚持了下来。成年后他并不是一开始就入了相关的行业，而是成为一个加油站的服务员。因为有拍电影这个信念支撑，他在工作的同时敏锐地捕捉着每个人细微的表情和神态，从细微处编排着不同的故事。在他眼里这些不是顾客，而是演员。而他就是大导演。他的执着终于给他争取到了继续深造的机会，并成功拍摄了一部小电影，一举成名。

他的成功不是偶然的，而是用行动为自己争取来的。如果没有对拍电影的热情向往，不知道能坚持多久。所以我们不能小看信念的作用，必须学会用强大的信念去鞭策自己的行动。只要你坚持围绕目标行动，成功怎么会舍得弃你而去呢？

6.有了方向就坚持到底，不因一时挫折怀疑自己

　　成功没有太大的窍门，踏踏实实迎着一个方向坚持到底就好。坚持带给我们的惊喜远比我们渴盼的要精彩得多。我们要把目光投掷得远一些，不要就落在眼前的挫折上，试着让目光跨过去，就会发现，挫折只是一段小插曲，跨过去了，就是另一番景象。

　　犹豫不定、优柔寡断，是兵家大忌。也是我们人生路上的大忌。

　　人生是经不住蹉跎的，今天你往这个方向走两步，明天又往那个方向走两步。就这样走过来走过去，到最后还是停留在原点。

　　所以，我们不要做这种无用功，把光阴都浪费在徘徊不定中。有了方向就坚持到底，不要因为一时挫折就怀疑自己。与其这里挖一个坑，那里挖一个坑，还不如把挖这些坑的时间放在一处，搞不好早就挖出了一井清泉。就像我们做事一样，既然已经决定做了，就要做下去。最要不得的就是怀疑自己。

　　还是那句话，如果你都不相信自己了，谁又来相信你？

　　很多伟人都是在质疑声中诞生的，在被全世界否认时，他们也不会去怀疑自己。他们的坚持最终带给他们鲜花与掌声。

他们的作为是值得我们借鉴的。坚持没有我们想象的那么难，咬着牙就能挺过的事情，为什么就不能坚持？再说，不管我们选择什么方向，都会遇到挫折。如果因为一时挫折就怀疑自己最初的决断，那么我们站在原点时究竟要不要走？

一个人的成功和失败其实都是由自己决定的，你想有什么样的人生，就在于你能不能坚持到底。

美国首府华盛顿有很多景点，林肯纪念堂是必游之地。走进那仿希腊神庙的古典建筑，中间就是高大的林肯石雕坐像，右侧墙上则刻镂着他那有名的盖茨堡演说辞。它让人想起的不只是美国内战、解放黑奴，还有当年将演说辞刻在大理石墙上的工匠——安东尼·拉马纳的传奇人生。

拉马纳出生于意大利西西里岛的山村，12 岁就到采石场干活。这原是该村男人千百年来难以摆脱的命运，但在 16 岁时，他毅然离开家乡，跳上一艘货轮前往美国，先是干些粗活，后来成为石匠，在兴建林肯纪念堂时，被选去雕刻盖茨堡演说辞。在日复一日的工作中，林肯的雕像不时映入他的眼帘，林肯让他想到了自己，他目前的艰苦和林肯早年非常类似，但林肯后来却成了律师，更当上美国总统，拯救陷于危难的国家，并发表不朽的演说，而他现在正负责把那份演说刻在大理石上，供后人凭吊。

也许是冥冥中受到了熏陶，有一天，当他再度凝视林肯的雕像时，忽然对自己许下一个宏愿：他也要成为一名律师！于是他到夜校补习，并利用白天工作的间隙读书，同伙工人都笑他看雕像看呆了，居然想做"林肯第二"，但他一点也不在意。后来，他考上了法律学校，得到硕士学位，果真成为一名律师，在华盛顿和纽约执业，而且表现出色。

也许，每个人在寻找他的人生愿景时，都需要有一个凝视的对象。

以《先知》一书而闻名于世的黎巴嫩诗人纪伯伦，18 岁在埃及时，每星期有两次到吉萨，坐在金色的沙丘上，凝视着金字塔和狮身人面像，他说："在艺术现象面前，我的心如同小草在飓风面前颤抖。那个狮身人面像对我微笑，让我心中充满甜蜜的惆怅和欣悦的凄楚。"也许，就是这样的经验，使他后来所写的诗和文章都充满了狮身人面像般的寓意。

荷兰画家梵高说："凝视星星，让我做梦。"所谓人生的追寻，经常是灵魂透过眼睛这个窗口去寻找与它契合、可以忘情凝视的对象。不同的人有不同的契合与凝视对象，但不管你凝视什么，只要凝视的时间够久、够专心，你就会听到一种召唤，受到某种启迪，看到一个许诺。

不管是律师拉马纳还是诗人纪伯伦，或者是画家梵高，当他们确定了自己的目标后，就没有再放弃。他们用自己一路的坚持把自己送上了成功的宝座。

成功没有太大的窍门，踏踏实实迎着一个方向坚持到底就好。坚持带给我们的惊喜远比我们渴盼的要精彩得多。我们要把目光投掷得远一些，不要就落在眼前的挫折上，试着让目光跨过去，就会发现，挫折只是一段小插曲，跨过去了，就是另一番景象。

美国海关有一批没收的脚踏车，在公告后决定拍卖，拍卖会中，每次叫价，总有一个 10 岁出头的男孩以"5 块"开始出价，然后又眼睁睁地看着脚踏车被别人用 40、40 元买去。拍卖暂停休息时，拍卖员问那小男孩为什么不出较高的价格来买。男孩说，他只有 5 块钱。

拍卖会又开始了，男孩还是每次都以"5 块"起价，当然最后还是被别人竞走。慢慢地，聚集的观众开始注意到那个总是首先出价的男孩，越来越多的人对男孩竞价的结果产生了浓厚的兴趣。

拍卖会快结束时，只剩一辆最棒的脚踏车，车身光亮如新，有多种排档、十段杆式变速器、双向手煞车、速度显示器和一套夜间电动灯光装置。这无疑是一辆难得的好车！

拍卖员问："有谁出价？"

站在最前面，而几乎已经放弃希望的那个小男孩还是站起来，坚定地说："5 块。"此时拍卖会现场一片寂静。所有人屏住呼吸，静静地站在那儿等待着结果。

这时，所有在场的人全部盯住这位小男孩，没有人出声，没有人举手，也没有人喊价。直到拍卖员唱价三次后，他大声说："这辆脚踏车卖给这位穿短裤白球鞋的小伙子！"

坚持确实很需要勇气。小男孩只有 5 块钱，所以他只能每次以 5 块起价。或许在成人的世界里，他这样的做法无疑是可笑的。5 块钱就想买脚踏车？这想法也太天真了吧。但是他没有被一次次的失败击垮，即便到了最后一辆最好的脚踏车，他还是义无反顾地站起来，报出了这个从未改变过的数字。他的坚持换来了全场竞买者的尊重，没有人再举牌，他终于达成所愿，获得了那辆脚踏车。

挫折影响不了我们对梦想的向往，想成功就要炙热地投入进去。挫折只是命运对我们的考验罢了，不能因为这个就怀疑自己。有了方向就要坚持到底，那才不辜负我们执着的心。

7.命运终将宠着你，你要用行动去迎接奇迹

唯有行动能让奇迹发生。我们不能祈求上苍恩宠，替我们解决难题，但是我们绝对可以用我们积极的行动让命运对我们刮目。因为行动是解决问题的关键所在。

这个世界没有一路被命运盛宠的人，伟大如林肯，也是一路失败，最终才得到命运的青睐，成为美国总统。所以，通往成功路上的过程并不重要，那些经受的挫折，只是我们必须经历的过程罢了。只要我们不放弃，热忱地用行动证明我们的实力。命运终将会宠着你，我们要做的无非是用行动迎接奇迹。

在英国泰晤士河支流上的赫耳卡大桥，名字源于一个名叫赫耳卡的青年，为什么以他的名字命名呢？赫耳卡住在河东，他爱上了河西的一个姑娘。可由于大河的阻隔，赫耳卡要和姑娘相会，每次都很费周折。赫耳卡想，如果要是在此能造一座大桥不就方便了吗？赫耳卡找人预算了一下，造桥费用最少得 90 万英镑。

赫耳卡最先想到电车公司，电车公司是直接受益者，因为桥造成了，电车就不用绕道了。可是费用太大，电车公司拿不出这么一大

笔钱。

赫耳卡没有放弃，他又了解到与修桥和线路有关的还有两个单位，一个是铁路公司，当时他们的火车调车地点与电车行驶的一条隧道相交叉，既阻碍交通又经常发生事故，如果造了桥，电车道就可以改走桥上，那条隧道就可专供火车通行，这对铁路公司也很有好处。另一个单位就是当地政府，如能解决这个民众多次投诉的老大难问题，就等于为百姓办了一件实事，无疑可大大提高政府的威望。

于是，赫耳卡开始三方游说。他先找到电车公司，对他们说："如果你们电车公司能投资三分之一，其余三分之二的资金由我负责解决。"

电车公司觉得花小钱能解决问题，很划算，同意了。

接着赫耳卡又到铁路公司和当地政府，也用同样的方法征得了他们的同意。

资金的问题就这样落实到位了。

随后在赫耳卡的具体实施下，只用了半年的时间，大桥就竣工了，皆大欢喜。

遇到难题时，我们要有赫尔卡的思维。难题既然摆在那儿了，不是唉声叹气，而是努力地想着如何去解决它。

那不是命运的不公，而是命运对你的考验。唯有行动能让奇迹发生。我们不能祈求上苍恩宠，替我们解决难题，但是我们绝对可以用我们积极的行动让命运对我们刮目。因为行动是解决问题的关键所在。

8.能在充满坎坷的道路上昂首前行，你就是英雄

被别人影响似乎是我们的通病。不管是挫折也好，讽刺也罢。在奔向成功的过程中我们总会过多地在乎旁人的目光。别说昂首前行了，严重时，只怕就想找条地缝躲起来。很多时候，我们不是败给了挫折，而是败给了失去了信心的自己。

人是活在人群里的，所以大家都习惯以别人的目光来衡量自己。自己买了一件新衣服，有人说不好看，自己也就觉得不好看了。更不要提其他更为重要的事情了。

被别人影响似乎是我们的通病。不管是挫折也好，讽刺也罢。在奔向成功的过程中我们总会过多地在乎旁人的目光。别说昂首前行了，严重时，只怕就想找条地缝躲起来。很多时候，我们不是败给了挫折，而是败给了失去了信心的自己。

我们先来读一则故事：

斯蒂芬·塔尼是巴黎妇产科医院的一名年轻医生，这家医院主要是为住在城市里的贫困妇女们提供住院接生医疗服务，该院在当时的法国属于"二流医院"，无论在硬件设备上还是软件技术上，都无法

与法国一流的大医院相媲美，而塔尼也只是该院里一个资质很浅的"二流医生"。

但和同事们的冷漠与得过且过相比，塔尼却相当善良和"有抱负"，每次看到早产的新生儿夭折时，他都非常难过和自责，觉得自己作为一名医生，没有尽到保护婴儿的责任。而实际上，这是一个全球性的难题，受当时整体医学水平的限制，普遍发生于任何一家医院里，跟他个人没什么关系。

可强烈的责任感让塔尼下定决心，一定要攻克这个"只有大医院、医学博导们才有可能攻克的难题"，拯救新生的早产儿。他的这个抱负曾一度被同事们拿来当笑柄，"因为实在是太自不量力了"。可塔尼却始终坚信有一天能实现，并时刻将此事记挂在心头。

1978年冬的一天，塔尼带着3岁大的女儿去巴黎动物园里玩，当他走在动物们之间时，无意间发现了一些小鸡孵化器，看着刚刚孵化出来的小鸡，待在温暖而舒适的孵化器中活蹦乱跳时，塔尼突然灵光一闪，兴奋不已，觉得自己找到了一把救助早产新生儿的"钥匙"。

几天后，塔尼将巴黎动物园里的家禽养殖员奥迪·马丁请了过来，请他帮自己制造出一个"大的小鸡孵化器"，并将其命名为"育婴保温箱"。为了保证安全，该保温箱并未采取用电供暖，而是通过向外层里不断注入热水，来维持内部的恒定温度，确保放入其中的早产新生儿能始终生活在一个温暖舒适的环境里，不会因为体温持续走低而丧命。

之后，塔尼说服了一些早产新生儿的父母，请他们同意将孩子放入到"育婴保温箱"中去。一年下来，有500名早产新生儿住进了塔尼的"育婴保温箱"中，其死亡率一下子由之前的 75% 大幅下降到 32%！

这一结果，让塔尼激动不已，他开始游说巴黎市政府，要求推广他的新发明，后者终于被说动。2 年后，巴黎市政府要求全巴黎的妇产科医院都要配备这种"育婴保温箱"，3 年后，塔尼的"育婴保温箱"在法国普及，后来又走向全世界。

由于"育婴保温箱"对挽救和保护婴儿的健康有着极其重要的价值，带给了无数早产儿生的"奇迹"，其作用超过了 19 世纪的任何一项发明，塔尼被人们赞誉为"早产儿的救世主"。

今天，改进后的"育婴保温箱"还新增了氧气辅助和其他先进的功能，早产儿的家人再也不用担心失去孩子了。

谁都可以有梦想，谁都可以有抱负，千万不要因为自身的平凡和世俗的嘲笑而放弃心中的梦想，做一个有心人，坚持下去，也许你就是下一个创造奇迹的"斯蒂芬·塔尼"！

塔尼，一个二流医院的二流医生，决定攻克一个"只有大医院、医学博导们才有可能攻克的难题"的时候，所面对的压力与讥笑不用想都能知道。他就在这样的现状中完成了他对人类的使命。顶住压力，在质疑声中昂首挺胸地走，就是他成功的秘诀。

我们能做到吗？

我们都知道通往成功的道路是充满坎坷的，不管是什么样的挫折，都会给我们的自信或重或轻地植入一点质疑。它不是以挫折打败我们，而是想借着挫折瓦解掉我们的信心，让我们主动放弃。但是如果我们一直保持着昂首前行的姿态，犹豫又怎么可能在我们心中生根？

我们崇拜英雄，其实当我们可以泰然处之地在风口浪尖走过时，我们就是不折不扣的英雄。

这个时候的我们或许还没有成功，但是我们已经具备了成功必须的胆量和勇气。只要沿着这条路坚持不懈地走下去，积极地完善提高自己的能力，终会以一个成功者的姿态站在大伙面前。

所以不要惧怕挫折，面对再坎坷的路也不要被吓着。昂首向前，你的自信将折服这个世界。

第五章

最能感动上天的是，努力得感动自己

　　每个人都期望拥有一个美好的未来。谁的成功都不是偶然的，都需要付出万分的努力，在感动上天前先努力感动自己。年轻，就要去拼，拼了才有机会。努力程度决定了我们的潜力能发掘多少，潜力又决定了我们最终的人生成就。努力地做我们应该做的事情就好。努力到极致时，精彩自然会踏步而来。虽然现在你和那个异常优秀的你可能还有段距离，但是，只要你努力，努力的你一定会让你意气风发地站到人前。

1. 每一个现在都连接着未来

不管离成功有多远的距离，我们都不能急，每一个现在都连接着未来，我们只有尽力做最好的自己才不会辜负自己的未来。对于我们每一个人来说，生活中最重要的事情，不是每天遥望憧憬不可知的未来或者反思昨天，而是动手处理手边那些实实在在的事。

想拥有一个美好的未来，是每个人都梦寐以求的事。没有谁会觉得冷僻地段简简单单的安置房比豪华地段的精品楼更有吸引力。

但是，不管再昂贵的地段再高档的楼层都不是一开始就造型新颖，光彩夺目，要知道这万丈高楼可不是一夜工夫就能拔地而起的。它也是从基础地基开始，加固加牢，然后再一层层往上，也是由灰头土脸开始，到最后才以光彩夺目的姿态出现。所以不要看轻成功之前的每一个日子，看似平凡无奇的现在，恰恰就是绚丽明天的基础。

做人和造楼是一个道理，不管离成功有多远的距离，我们都不能急，每一个现在都连接着未来，我们只有尽力做最好的自己才不会辜负自己的未来。对于我们每一个人来说，生活中最重要的事情，不是每天遥望憧憬不可知的未来或者反思昨天，而是动手处理手边那些实实在在的事。

1871 年的春天，英国蒙特瑞综合医科学校的学生威廉斯勒对人生中的许多问题充满困惑，他不明白应该怎么处理远大的理想和身边的具体小事之间的关系，一个人应该有怎么样的做事态度才能成功，他有远大的抱负但又觉得手边的小事没有什么意义，他甚至以为现在的学校生活枯燥乏味，没什么值得去用心的，因而他的成绩也每况愈下。他找他的老师探讨这些困扰他的人生问题。他的老师推荐他阅读哲学家卡莱里写的一本哲学启蒙读物，老师说，书里或许有答案。

威廉斯勒是一个意志很坚定的青年，他一向不崇拜大人物，更不相信所谓的名人名言，对许多问题一向有自己独到的见解。但既然是老师推荐，他想或许真的有用。他拿过书漫不经心地浏览起来。

突然间，书中的一句话让他眼前一亮："最重要的，就是不要去看远方模糊的未来，而是动手清理手边实实在在的最具体的事情。"

他恍然大悟：是啊，不论多么远大的理想，都需要一步步实现啊；不论多么浩大的工程，都需要一砖一瓦垒起来啊。

他明白了，他的困惑解决了，他终于找到了人生的答案。他知道，那些远大的理想，应该让他们高悬在未来的天空里，最紧要的，是把手边的每一件具体事做好，让自己时刻生活在今天。

也就是从那一天开始，1871 年春天的一个下午，年轻的威廉斯勒开始埋头读书，因为他知道这是他目前最紧要的事情，他要把自己的成绩搞上去。半个学期以后，威廉斯勒一跃而成为整个学校最优秀的学生。

两年以后，威廉斯勒以全校最优异的成绩毕业。毕业后来到一家医院做医生。他认真对待每一个患者，对每一次出诊都一丝不苟。兢兢业业的态度和精益求精的精神，使他很快成了当地的名医。

几年以后，他创办了约翰·霍普金斯学院。他把自己的人生态度贯彻到每一个细节里。许多专家学者慕他之名来到他的学院工作，使他的学院很快成为英国乃至世界最知名的医学院。

威廉斯勒成功以后经常被邀请到耶鲁大学演讲，在演讲中他告诫学生们说：他之所以成功，是因为他"活在完全独立的今天"。他还说，"要把未来和昨天关在门外，未来就在于今天，最重要的是把你手边的事情做好，这就足够了"。他正是靠着这两句话，精心地做着自己的事情，不仅成为那个时期最著名的医学家，还成为牛津大学医学院的钦定讲座教授，被英国国王授予爵士爵位，这是那个时代学医的英国人所能够获得的最高荣誉。他去世以后，人们需要用1466页的两大卷书才能够记述他传奇的一生。

威廉斯勒成功了，他的成功只有一个原因，那就是他端正的人生态度。该读书时，他就认真读书。该工作时，他就认真工作。

认真对待每一天，努力做好今天的事，就是他成功的关键。

人的一生是由一个一个日子叠加起来的，昨天是过去的今天，明天是未来的今天。我们都不知道未来将给予我们的是什么，但是有一点是肯定的，我们都是活在今天的人，只有在今天耐心地做好种植，才能确保在明天有所收获。

把目光放得很远，却没有今天的努力支撑，梦构建得再好，醒来也只是南柯一梦。有了想法就去做，只有行动起来才能创造奇迹。今天关乎的不仅仅是现在，每一个现在都连接着未来，我们只有做好今天的事，才能成就明天的自己。

2.没有谁的成功是偶然的

我不知道谁的成功是偶然的，我只知道没有付出断然不会有成功。在对待成功的问题上我们永远不能抱侥幸心理。一个人的成功都是通过一点一滴的实力积累下来的。不是一路领跑，但至少可以在必要的时刻奋力一搏，做到后来居上。奋力一搏靠的是什么？是日常不间断地学习和摄入，是从一次次挫折中获得的养分。

每个人都渴望成功，都指望偶然有一天成功能从天而降，而自己就能坐享其成。

我不知道谁的成功是偶然的，我只知道没有付出断然不会有成功。在对待成功的问题上我们永远不能抱侥幸心理。一个人的成功都是通过一点一滴的实力积累下来的。不是一路领跑，但至少可以在必要的时刻奋力一搏，做到后来居上。奋力一搏靠的是什么？是日常不间断地学习和摄入，是从一次次挫折中获得的养分。搏的是知识与能力，绝对不是运气。

任何时候我们都不能寄希望于运气，要学会拿自己的本事为自己争取一席之地。

郭威，一个充满阳光与朝气的年轻人，美国硅谷 80 后中国天使投资者。在旧金山和圣何塞 100 公里的 101 公路，他以一个天使的名义找寻和支持下一个"百亿公司"。两年来，他接触了一千六百多个项目，投资了 26 个项目。这颗耀眼的新星，很快便引起了业界的关注。

郭威对商业的接触，最早是从高中开始的。那时，他不满 15 岁，在新加坡上高中。由于学业紧，他不能玩游戏，他却发现了魔兽世界中的商机，于是他就雇人打游戏赚金币，然后通过微信方式进行线下交易，硬是在不能打工的新加坡，赚到了他人生中的第一桶金。从那时开始，郭威认识到自己喜欢做的事和能够做好的事，于是在当时，他选修了经济、商业两门课程。

2008 年，郭威赴美国旧金山大学，读企业家创业专业，开始系统学习风险投资，并尝试炒股。大学毕业后，郭威出于对风投的爱好，和对硅谷创业文化及创业者的崇拜，决心做投资。他用大学炒股赚的钱加上亲朋好友们的支持，开始在硅谷创业，但很快就遭遇了失败。

第一次创业的失败，对满怀梦想、充满自信的郭威是当头一棒。那时的他，心情非常低落，甚至将亲朋的鼓励当作是对他的同情。一次，他和父亲一起去看一场马拉松比赛，几名马拉松长跑运动员，在比赛过程中之间距离很近，但是一名紧随其后的运动员，在最后的 100 米突然加速，最终赢取了马拉松长跑的冠军。父亲对坐在身边的他说："看到没有，成功就在最后的 100 米，在这 100 米里，由于你力量的保持因素没有处理好，你失败了，如果你将失败当成动力，冲过这 100 米的挫折，成功最终还是属于你的。"

父亲的话让郭威不觉一振，头脑顿时清醒起来，是啊！自己为什么不在失败后正确面对自己眼前的 100 米呢？认识到这一点，他开始正确面对朋友们的鼓励。接下来，在朋友的带领下，郭威去看了硅谷最棒的孵化器路演，他看到那些被请去的投资人都是硅谷大牛，更重要的是整个路演日把硅谷情怀体现得淋漓尽致。他开始接受失败，开始认识到正是因为失败，硅谷才有了一个又一个"奇葩"的点子。在不断完善点子的同时，才成就了各种成功。硅谷创业者们有着不怕失败的冲劲，有着敢于颠覆的自信，为此，郭威的内心慢慢坚定起来，他对自己说："我要成为天使，最棒的天使投资者！"

有了目标，就有了希望。郭威开始募资，在硅谷、纽约和国内合作伙伴的帮助下，他开始到湾区和旧金山看各种项目。2013 年中旬，他在看了近千个项目后果断地投出了第一笔，虽然很长时间没有得到回报，但他认识到有些项目的回报是漫长的，不能操之过急。接下来，他将全部家当投给一个游戏团队，投资后，他甚至没有了吃饭的钱，好在那个项目很快就给了他 5 倍多的回报。

郭威就是这样，认准的项目就会毫不犹豫地进行投资，而投资的成功让郭威更加坚定，也更加勤奋。每天清晨 5 点半，他就从硅谷最南端的圣何塞驱车出发，一路贯穿湾区的 101 公路再穿梭于拥堵的旧金山各个孵化器咖啡馆和创业公司。他赶大大小小的会，见每一个要约见的人。他还在硅谷、纽约、北京、深圳以及每一个国家和每一个城市游说他遇到的富一、二、三代们，让他们把买车的钱用来投资天使。两年来，郭威接触了 1600 多个项目，成功投资了 26 个项目，从基因工程改造到比特币平台，从最初投资项目的表现平平到之后投资的公司业绩一直保持良好势头，还有一些公司他已经顺利拿到下一笔投资。

郭威的成功很快就引起了业界的关注，同时也引起了新闻媒体的关注。当记者采访这个年轻又充满自信的天使投资者时，郭威对记者说："失败离成功只有 100 米距离，正是我在失败后正确面对这 100 米的差距，才让我迎来了属于自己的成功。"

郭威的成功是运气吗？当然不是。就像马拉松冠军一样，他们的成功绝对不是最后降到他们身上的运气，而是日积月累坚持不懈之后的实力的体现。最后的 100 米，需要的是比别人更强大的努力和意志力。

一个人的进步靠运气是靠不来的，也不能指望运气帮你把所有的挫折都搬开。没有谁能预知下一步我们会面临什么，正因为不知道，所以我们必须在挫折出现前尽量地完善自己，让自己变得更优秀，让自己的实力变得更强。这样才能在挫折来到时，不至于手忙脚乱。我们也不需要被挫折吓跑，在最后的真相出来之前，没有谁可以妄自断言，我们一定会失败。

成功需要的最大的筹码就是持之以恒坚持不懈。没有谁的成功是偶然的，所有的成功都是一步一个脚印，凭着不被挫折击垮的意志，不断完善自己不断进步得以实现的。

强求偶然是行不通的，我们还是踏踏实实地用我们的行动去验证必然吧。

3.不断地努力能把失败转变为成功

努力并不是在需要时去奋斗一把，而是从头到尾毫不松懈地奋斗。不断地努力能把失败转变为成功。

不知道大家发现一个现象没有，这个世界最成功的人士并不是传说中的天才，而是勤奋的人。他们并没有一鸣惊人的才智，只是有一颗敢于拼搏的心，认准了某条道路后，就一往无前，坚持到底。他们用他们的努力和不服输的心，给自己的人生赢得了一份丰厚的礼物。

可见在努力和天才之间，成功更愿意光顾努力的人。

努力并不是简单的词，而是几乎包含了所有积极向上的词。在顺境中努力进步，在逆境中努力抗争。

我们一起看看下面这个故事。

阿赛姆的同事中有一位青年售货员，他在工作时常常使用卡耐基的自我激励警句以调整自己的心态。他是一个 18 岁的大学生，只在暑假期间到保险公司去做出售保险单的销售员。在两周的理论训练期间，他学到了不少东西，在有了一些销售经验之后，他就定了一个特殊的目标——获奖。要想做到这一点，他至少要在一周内销售 100 份保险

单。到那一周星期五的晚上，他已经成功地销售了 80 份，离目标还差
20 份。这位年轻人下定决心：什么也不能阻止我达到目标。他相信：
心里所设想和相信的东西，人就能用积极的心态去获得它。虽然他那
一组的另一位销售员在星期五就结束了一周的工作，他却在星期六的
早晨又回到了工作岗位。

到了下午 3 点钟，他还没有做成一笔买卖。但他想交易可能发生
在销售员的态度上——不在销售员的希望上。

这时，他记起了卡耐基的自励警句，满怀信心地把它重复五次：
"我觉得健康，我觉得愉快，我觉得大有作为！"

大约在那天下午 5 点钟，他做成了 3 份交易。这距他的目标只差
10 份了。他记起了成功是由那些肯努力的人所保持的。他又热情地再
重复几次："我觉得健康，我觉得愉快，我觉得大有作为！"大约在那
天夜里 11 点钟时，他疲倦了，但他是愉快的：那天他做成了 20 份交
易！他达到了他的目标，获得了奖励，并学到一条道理：不断地努力
能把失败转变为成功。

无论心中有多恐惧，一定不要让自己的心死去。永远地相信自己，
这不是说说那么简单的。如果你真的做到了，那么你离成功已经不
远了。

要想战胜自己，必须具备的条件是：努力以提升自己，毅力以征
服高山，相信自己一定会成功。

这个故事告诉人们：不断地努力能把失败转变为成功。或许有人
会说："我已经努力了呀，但是为什么还没有成功？"

你努力到了何种程度？你有在所有人都以为不可能的情况下依然

努力争取？你有在面临挫折时，孜孜不倦地寻找一线生机？你有在安枕无忧的日子里，始终不忘记你的最终梦想，一直在努力地提高自己的素养与实力？

努力并不是在需要时去奋斗一把，而是从头到尾毫不松懈地奋斗。不断地努力能把失败转变为成功。

你做到了吗？

4.生命自有精彩，你只负责努力

每个人都只有一次人生，每个人生也不相同。我们不可能一直跟在别人的身后，一直跟着别人的脚印行走。当我们独自上路，遭遇挫折是在所难免的，这个时候，你要做的是坚持，是努力。

如果我们每个人一出生就都能要风得风要雨得雨，那么我们的生命是不是也太无趣了。就像小时候我听过的一个有关懒人国的故事，脖子上挂着懒人饼，肚子饿时，低头就能咬一口。嘿，这样的生活是不是平淡到可怕？

真因为生命各不相同，才各有各的精彩。我们无须抱怨生命的不公，努力地做我们应该做的事情就好。努力到极致时，精彩自然会踏步而来。

1927 年，美国阿肯色州的密西西比河大堤被水冲垮，一个 9 岁的黑人小男孩的家被冲毁，在洪水即将吞噬他的一刹那，母亲用力把他拉上了堤坡。

1932 年，男孩 8 年级毕业了，因为阿肯色的中学不招收黑人，他只能到芝加哥读中学，家里没有那么多钱。那时，母亲做出了一个惊人的决定——让男孩复读一年。她则替整整 50 名工人洗衣、熨衣和做饭，为孩子攒钱上学。

1933 年夏天，家里凑足了学费，母亲带着男孩踏上火车，奔向陌生的芝加哥。在芝加哥，母亲靠当佣人谋生。男孩以优异的成绩中学毕业，后来又顺利地读完大学。

1942 年，他开始创办一份杂志，但最后一道障碍，是缺少 500 美元的邮费，不能给订户发函。一家信贷公司愿借贷，但有个条件，得有一笔财产做抵押。母亲曾分期付款好长时间买了一批新家具，这是她一生最心爱的东西。但她最后还是同意将家具做了抵押。

1943 年，那份杂志获得巨大成功。男孩终于能做自己梦想多年的事了：将母亲列入他的工资花名册，并告诉她算是退休工人，再不用工作了。那天，母亲哭了，那个男孩也哭了。

后来在一段反常的日子里，男孩经营的一切仿佛都陷入谷底，面对巨大的困难和障碍，男孩已无力回天。他心情忧郁地告诉母亲："妈妈，看来这次我真要失败了。"

"儿子，"她说，"你努力试过了吗?"

"试过。"

"非常努力吗?"

"是的。"

"很好。"母亲果断地结束了谈话，"无论何时，只要你努力尝试，就不会失败。"

果然，男孩渡过了难关，攀上了事业新的巅峰。这个男孩就是驰名世界的美国《黑人文摘》杂志创始人、约翰森出版公司总裁、拥有三家无线电台的约翰·H. 约翰森。

约翰·H. 约翰森，在家境贫寒和强烈的种族歧视的双重压力之下，他完成了他的学业，并开创了自己的事业。虽然中途有挫折，但是最终还是渡过了难关，攀上了事业的新高峰。

每个人都只有一次人生，每个人生也不相同。我们不可能一直跟在别人的身后，一直跟着别人的脚印行走。当我们独自上路，遭遇挫折是在所难免的，这个时候，你要做的是坚持，是努力。我们不妨多读几遍约翰·H. 约翰森母亲说过的话："无论何时，只要你努力尝试，就不会失败。"

你的努力决定了你生命的精彩！你想你的人生有多少精彩，你就得花费多少努力。

5.努力程度决定了你的潜力能发掘多少

　　努力程度决定了我们的潜力能被发掘多少，潜力又决定了我们最终的人生成就。在这条等式面前，当我们向着目标奔进时，我们还有不努力的理由吗？如果想明天过得好一点，那么从今天开始就将我们全部的身心投入到努力中去。

　　努力是我们投入每件事情的一种态度。但是，成功却取决于你努力的程度。并不是说你努力了就能成功，而是你努力的程度到底能把你的潜力挖掘出多少。同一个人在不同的环境，不同的压力下的潜力是不一样的。怎么样才能使潜力被尽可能地激发，这需要执拗地坚持，需要具备在再大的困难面前依旧不抛弃不放弃的精神，只有如此，潜力才会从我们的体内被惊醒，悄悄将我们原本以为的种种不能，变成种种可能。

　　在一次因为战乱而产生的逃难人潮当中，有一位身体虚弱的母亲，带着她只有三岁的小孩一起逃难。

　　难民潮靠着步行，缓慢地向边境移动。酷热的太阳，恶毒地在每一个难民的头上肆虐，难民们拖着蹒跚的步伐，一步一步向前走，不知道自己什么时候会倒下。

那位虚弱的妈妈，终于支撑不下去了，她抱着她的小孩，找到了难民潮当中的一位神父。这位可怜的母亲，苦苦地哀求神父，帮她照顾她的小孩，因为她觉得自己绝对无法撑到边境。

神父看着这位可怜的母亲，由于他略懂医道，在简单地检查了这位妈妈的身体状况后，他发现她的体力尚可，便断然地拒绝了这位妈妈，神父说："你自己的孩子，当然要由你自己负责，我无法代劳!"虚弱的母亲，听到神父这般无情的拒绝，心中不由得十分愤怒，转身抱着自己的孩子，回到难民潮的队伍当中。

一天一天过去，这一群难民终于步行到了边境，通过国际红十字会的照顾，难民们被安置在难民营中，每个人至少有了最起码的安身之处。

这时候，神父再来探望这位身体已经恢复健康的母亲。神父看到她，欣慰地说："还好我没有接下你托孤的任务，否则今天就看不到你们母子都平安。"

妈妈自认为自己的身体已经到了极限，她不可能将自己的孩子带到难民营。但是因为神父的拒绝，她为了孩子，不得不重新鼓足勇气，努力地和自己的身体做斗争。以为不能完成的任务，出乎意料地完成得很好，甚至到最后，这位母亲的身体也恢复健康了。

在很多人眼里，或许这就是奇迹。其实，很多奇迹的诞生，并不是运气的突然降临，而是倾其所有的努力激活了自己的潜力，因为潜力的参与，弱小的自己突然变得很强大。

辛薇 18 岁中专毕业。那年，她跟同学在医院实习并安心等待安排，结果等来的却是四年制的班级不再分配的无奈。因为没有门路进医院，私人诊所又不可靠，辛薇只好放下专业应聘到一家通讯公司做了一名营业员。

不得志的人对待生活无非两种态度：顺应或者抗争。而不得志的少女辛薇心里憋着一口气，她觉得自己并没有得到想要的生活。

所以她做了一个决定：参加高考。

通讯公司的工作节奏快，任务重，辛薇每天忙得团团转。下班后回到租住房，她就着白开水匆匆吃掉路上买来的包子就开始伏在桌子上学习，日复一日从不间断。

在高考来临前，辛薇已将所有科目的书复习了两遍。

在经过高考完两个月的忐忑等待后，辛薇最终幸运地拿到了某医科大学的录取通知书。

在大学里，辛薇是班里最努力的学生，每天早晨六点起来，抱着单词书去偏僻的地方朗读，每天坚持将老师布置的作业完成，空出来的时间大多泡在图书馆看书，每天回寝室的时间都卡在熄灯前半小时。

即使这样努力，大学毕业时辛薇也没能留在实习的医院。

后来辛薇在一次面试中，凭借出色的专业课成绩被外地一家医院录取。

医院的生活很忙碌，除了工作，辛薇其他的时间几乎都被医院各种考核考试填满，同一批进来的同学怨声载道，逐渐把仅有的所剩无几的时间都用在恋爱上。辛薇则默默地捧着书本，为在职研究生考试做着准备。

研究生毕业那天，辛薇拿出平日积攒的休假去了青岛。她从小喜欢大海，26 岁的她打算犒赏一下自己。

3 年后，辛薇凭借过硬的专业素质从小儿外科的普通护士调到小儿内科做护士长，与此同时，辛薇也结了婚有了宝宝。

1 年后，辛薇转到 ICU 监护室，又过了 2 年，她成了院里最年轻的护理部副主任。

我们无须感叹别人比我们干得好，其实我们完全也可以的。

一个中专毕业生，突然面临不再分配工作的无奈。原来勾勒好的人生，完全没有了方向。辛薇只能重拾书本，给自己重新创造机会。她选择重新参加高考，这需要勇气，更需要努力。

或许有人会说这也不是太难吧。只要你有不达目的誓不罢休的精神，今年考不上还有明年，明年不行还有后年。当你把这件事放到首要位置时，我就不信大学会考不上。

那么研究生呢？以及在此过程的同时，工作的进迁呢？

中专文凭到研究生，中间的跨度是显而易见的。诚然就如我们看到的，并不简单。而促使她达成飞越的只有一个词"努力"。

一路努力，并且不遗余力地努力，才使她开启了不一样的人生。

努力程度决定了我们的潜力能被发掘多少，潜力又决定了我们最终的人生成就。在这条等式面前，当我们向着目标奔进时，我们还有不努力的理由吗？如果想明天过得好一点，那么从今天开始就将我们全部的身心投入到努力中去。

6.每个人其实就是自己的伯乐

我们缺少的不是遇到伯乐，而是如何把自己培养成自己的伯乐，如何可以让自己与众不同，有卓越的才能和睿智的见地。虽然现在你和那个异常优秀的你还有段距离，但是，只要你努力，终有一天你会意气风发地站到人前。

处于人生低谷时，我们都有一个心结，希望有个伯乐慧眼识英雄，可以从茫茫人海中把我们认出来，然后告诉世人，他就是我找了很久的千里马！

那样的桥段差不多在某个人的脑海里出现过。这个时候，往往是我们最无助时，我们已经对我们的未来产生迷茫，急需一个人来肯定我们、帮助我们。

有这样的人出现固然是可喜的，但通常的结果是想法和现实是两个完全不对路的戏码。所以我们必须认清这现状，做人呐，怎么可以老是把希望寄托到别人身上呢？这个世界的伯乐的确有很多，但差不多都是别人的伯乐。想依靠别人来体现自己的价值，还不如潜心修行，认真地提升自己的能力，让自己成为顶天立地的强者。当自己可以以自身的能力，华丽地站到人群前面时，你或许就会发现，每个人的伯乐，不是别人，而是那个一直坚持不懈，努力奋斗的自己。

奥地利著名作曲家莫扎特出生在一个音乐世家，他的父亲老莫扎特是国家剧院乐队的首席作曲家和指挥师，非常受人敬重。

在父亲的熏陶下，莫扎特在音乐方面的才华日益凸显，经常为学校的一些活动创作曲谱，深得师生们喜爱，然而这一切在老莫扎特看来完全不值一提。尽管莫扎特经常请求父亲向国家剧院推荐自己的作品，但父亲每次都这样拒绝他："你还很小，你的创作能力只适合在你们那所学校里发挥，根本不能走进国家剧院。"

父亲是国家剧院的作曲家和指挥师，按说莫扎特的作品有很多机会可以进入国家剧院，可是父亲却偏偏不答应。莫扎特伤心极了，他非常希望有一个机会实现自己的愿望。

有一次，国家剧院的院长请求老莫扎特为他的女儿创作一首小步舞曲，因为他的女儿要在国家剧院开个人演奏会。老莫扎特当然不会拒绝，他花了三天的时间写好曲子后，让莫扎特送到院长家里去。当时，莫扎特正在创作自己的曲谱，接过父亲递过来的曲谱后他连忙跑出了家门，希望能赶快回来创作。

那天的天气不是很好，刮着大风，在莫扎特走到一座小桥上时，风力突然增大，大风像一只无形的手把他手中的曲谱夺走了，曲谱被卷到天上翻了几个跟斗掉进了河中。如果就这样回去，免不了要挨父亲的一顿责骂，莫扎特害怕地坐在桥上哭了起来。突然，他灵机一动："一直希望自己的作品进入国家剧院，现在不正是一个很好的机会吗？"

想到这里，莫扎特飞快地跑到附近的一个教堂里，向牧师借了笔和纸，在那里续写起了在家已经写了一半的曲谱，不到三个小时就写完了全稿。随后，他又认真地修改了几遍，确定这是一首自己满意的曲子后，才告别了牧师向院长家跑去，把这首自己创作的曲子以父亲的名义交给了院长。院长太熟悉老莫扎特的音乐风格了，当这首曲子出现在院长面前时，因为和以前的风格有很大的不同，他顿时觉得耳目一新，立刻让女儿练习这首曲子。

演奏会的前一天，院长特意带着女儿拜谢老莫扎特，他握着老莫扎特的手高兴地说："非常感谢，你这首曲子写得实在太美妙了。"说完，便让女儿把曲子演奏给老莫扎特听。

老莫扎特一听，心里怀疑开了，这根本不是自己写的曲子啊。当院长说这就是莫扎特送过来的曲谱时，老莫扎特严肃地看着儿子，莫扎特只好说出了实情。听了莫扎特的话，院长和他的女儿都惊讶得连连点头称赞。老莫扎特欣慰地拍着莫扎特的头说："我终于相信你是一个有才华的孩子了，但你的勇敢比你的才华更可贵。"

此后，莫扎特在奥地利乐坛上的名气陡然上升，为他日后的音乐成就打下了坚实的基础。莫扎特在回忆起这段经历时，感慨地说："机会是人人都需要的，但在面对机会时，要看一个人有没有足够的勇气去迎接它，有勇气的人才能赢得机会，没勇气的人只能眼睁睁地看着机会从身边溜走。"

生长在音乐世家的莫扎特，在渴望成名的年龄，也将希望落在他的父亲老莫扎特的身上，希望得到他帮助，将他的作品推荐给国家剧院。即便开口时他的功底已经很深厚，却还是一直遭到父亲的否认，坚决不给他做任何推荐，坚持他的作品还不能进国家剧院。

然而当父亲的曲谱被风吹走后，他毅然用自己的曲子替代了过去。他为自己创造的机会，让他的名气在奥地利乐坛名气陡然上升。

我们总是习惯寻求伯乐，在身边的人中，在熟悉的人中，却很少关注自己。其实自己才是我们真正的伯乐。

我们缺少的不是遇到伯乐，而是如何把自己培养成自己的伯乐，如何可以让自己与众不同，有卓越的才能和睿智的见地。虽然现在你和那个异常优秀的你还有段距离，但是，只要你努力，终有一天你会意气风发地站到人前。

7.用伟大的坚持来支撑梦想

在对待梦想这件事上，只要我们持之以恒地用伟大的坚持来支撑梦想，到最后，一定能收获一颗饱满的梦想果实。

梦想在我们脑海里形成，要实现这个梦想，其中的距离无法丈量。

因为距离的不确定性，有些人追逐着追逐着，脚步就慢了，到最后干脆就不去追逐了，于是，对于他，这个距离就变得遥不可及，反正是一辈子都追不上了。

所以，梦想是会跑的，如果你不坚持的话，它就只能越跑越远了。而坚持也绝非简单的事情，毕竟不是一天两天，一年两年，有的甚至长达一辈子。所以，想实现梦想并不简单，它必须用伟大的坚持来支撑梦想。

是的，是伟大。

在印度，有个人小时头脑很迟钝。在开始学习梵文时，他感到特别吃力，尤其是学语法，同班同学轻轻松松就学会了，而他虽然花费了许多的时间，仍然像没学过一样，毫无长进。他一度悲哀地认为自己永远也学不会语法了。

一天，老师让他背诵学过的语法。他竟一点也背不出来。老师气坏了，狠狠地训斥了他一顿。他完全丧失了信心，干脆不读书，甚至连学校也不去了。他心里想：看来我命中注定不是块学习的材料。

从此以后，他无所事事，到处游逛。有一次，他来到一个湖边的小码头上，码头是用很坚硬的石头砌成的，十分坚固。他走过去，坐在上面，忽然发现在一块光滑平整的石头上竟然有一个坑，圆圆的。他很纳闷：为什么这里会有一个小石坑呢？

恰在这时，一位妇女提着水罐走了过来，把水罐打满水后放下水罐休息了一会儿。他被一个现象吸引住了：水罐正好严丝合缝地放在了石坑里。

看到这里，他就问："这是石匠专门凿好，用来放水罐的吗？"

"才不是呢，是天长日久了，水罐磨出的石坑。"妇女说着，把水罐顶在了头上慢慢离去了。

他惊呆了，暗暗地想：既然这块坚硬的石头都能被水罐磨成坑的话，那么经过持久而刻苦的努力，难道我这个愚蠢的脑袋就不能变得聪明起来吗？

心里重新燃起了希望，他立即站起来，回到了学校，找到了老师，下定决心用功学习。奇怪的是，经过他持久而刻苦努力后，同样的语法，以前看起来就像一块坚硬的大石头，现在变得不那么坚硬了。不管学习什么课程，不管有多大困难，他如有神助，很快就能背熟，还能很快理解。

他那过去像石头一样的脑袋竟然真的开了窍。

他就是包簿·德瓦，后来，他终于成了一位著名的语法学者，关于语法学问题他还写了一本书。至今，学习梵文的人通过学习他的这一著作就能够较快地领会。

包簿·德瓦，就像小时候的李白被铁杵磨成针震撼一样，他也被水罐磨成坑的石坑震撼。原本一直以脑子迟钝为学不好梵文的理由的他，终于摈弃了这个借口，学会了坚持坚力，最终成为著名学者。

很多时候，我们认为做不了事的理由，也就如包簿·德瓦学不好梵文的理由一样，其实，什么理由都不是理由，唯一的一条就是没有坚持去做！

生活中我们总会遇到这样那样的难题，只要你能静下心去解这道难题，不解出答案就不放弃，在你的坚持面前，所有的难题绝对会土崩瓦解。这就是坚持的力量。

我们再来看一个小故事。

苏格拉底是古希腊著名的大哲学家和大教育家，他教学生的方法总是别出心裁。

开学第一天，他对学生们说："今天，我们只学一样东西，就是把胳膊尽量往前抬，然后再尽量往后甩。"他示范了一下，结果，所有学生都笑了。

"老师，这还用学吗?"一个学生打趣道。

"当然，"苏格拉底很严肃地回答道，"你不要觉得这是件很简单的事，其实它很困难的。"听到这话，学生们笑得更厉害了。

苏格拉底一点也不生气，他宣布说："这堂课我就教大家好好学这个动作。学会以后，从今天开始，你们每天都要把它重复做100遍。"

10 天之后，苏格拉底问："谁还在坚持做那个甩手动作?"大约80%的学生举起了手。

20 天之后，苏格拉底又问："谁还在坚持做那个甩手动作?"大约50%的学生举起了手。

3 个月之后，苏格拉底又问道："那个最简单的甩手动作，有谁在坚持做?"这一次，只有一位学生举起了手。他，就是后来成为古希腊另一位大哲学家、大思想家的柏拉图。

坚持是有难度了，这么小的事，3 个月后坚持下来的只有一个。对于梦想的坚持就更难了。

很显然，坚持就是命运对成功者与失败者的一次次过滤，坚持到最后的，就是生命的赢家。就像苏格拉底 3 个月后发现了一直在坚持的柏拉图，而柏拉图正因为有这股坚持的劲儿，终于不负众望地成了古希腊的另一位伟人。

所以，在对待梦想这件事上，只要我们持之以恒地用伟大的坚持来支撑梦想，到最后，一定能收获一颗饱满的梦想果实。

8. 每次进步1厘米也能创造奇迹

有时，我们的进步不是很明显，但是即便是只进步1厘米我们也不能放弃。只要我们的努力能让我们进步，只要我们持续我们的努力，每次进步1厘米也能创造一个奇迹。

每一次的进步都是努力的过程，这其中有隐忍、痛苦、阔达、快乐……让我们喜忧参半，有困惑，也有执着。就是因为这个过程，让我们的人生变得不同。

因为我们想要的岁月离我们很遥远，想跨越过去，必须要积攒哪怕1厘米的进步。

不断地进步带给我们的是我们渴望的未来。

我们先来看一则故事：

2008年，在有着"杂技奥斯卡"之称的哈瓦那国际杂技节上，德国杂技团表演的"飞鱼"节目震惊了全场。一条重达9吨、看似笨拙无比的鲸鱼，在训练师的导引下，却轻松灵活地越过了7米的水面高度，并且在空中做出了各种高难度动作。鲸鱼的精彩表演，赢得全场观众的阵阵喝彩。

在夺得金奖之后，记者们纷纷将训练师斯贝茨围住，"请问你是怎样将一只笨重的鲸鱼训练成'飞鱼'的?"

斯贝茨微微一笑："最初训练时，我先把绳子放在水面下，这样，鲸鱼要想浮出水面，就必须从绳子上方通过，而每通过一次，鲸鱼就能得到一公斤虾的奖励。"

"哦，那第二次训练时你会将绳子升高很多吗?"有记者急着追问。"急于求成可不行，"斯贝茨说，"每次训练，我都会把绳子提高，但幅度不能太大。"这时，斯贝茨似乎故意要卖个关子，他问身边的记者："你们猜一猜，我每次会将绳子提高多少?""5厘米。""10厘米。""20厘米。"……记者们七嘴八舌。

"1厘米!"记者们被斯贝茨的回答惊呆了。"每次只升高1厘米，那要训练多少年才能跃过7米高啊?"有位女记者惊呼。"是的，只有1厘米。"斯贝茨肯定地回答，"因为只有1厘米，鲸鱼才可以比较轻松地跃过，获得奖励。而时常受到奖励的鲸鱼，就会很乐意接受下一次训练。随着时间的推移，鲸鱼跃过的高度逐渐上升，最终达到了今天大家看到的7米。"

天下之事，常起于甚微。每次1厘米的提升，最终赢来7米的飞跃。只有坚持不懈地朝着一个方向努力，才会走向聚沙成丘、集腋成裘的辉煌。

如果进步能用数字来概括的话，那么就是每次提升"1厘米"，7米的飞跃是700个"1厘米"。当一个人和一条鱼每天做着1厘米1厘米的努力时;当完成第一个1厘米时，斯贝茨能想象1厘米与7米有多么遥远吗? 可是即便那么遥远，他还是持之以恒地将1厘米坚持了下来。他的足够努力，终于给他带来了他想要的成功。

就像故事最后一段说的那样：只有坚持不懈地朝着一个方向努力，积攒起每资1厘米的进步，才会走向聚沙成丘、集腋成裘的辉煌。

有时，我们的进步不是很明显，但是即便是只进步1厘米我们也不能放弃。只要我们的努力能让我们进步，只要我们持续我们的努力，每次进步1厘米也能创造一个奇迹。

9.奋斗过的青春，不会留下遗憾

　　年轻的我们，没有过人的资历、深厚的背景以及太多的经验，所以我们要想赢得胜利，就必须点燃身体里的热血，一刻不停地去拼搏努力。年轻，就要去拼！只要我们敢想敢拼，就能为自己创造更多的机会，为自己的人生迎来转机！

　　青春是没有失败而言的，不管做了多少尝试，不管摔倒了多少次，不管受到了多少嘲讽……这些都不算什么。行走在成功路上的人，谁没有经受过这些？只不过受不住这些压力的人回去了，顶住压力的人还在继续前行。而只有继续前行着的人才有机会触摸成功。

　　这个世界上没有谁一开始就可以笑傲江湖的，也没有几个人能在最后可以笑傲江湖的。前者是因为优秀是一个循序渐进的过程，不可能一步就能达到优秀的顶峰。后者是因为成功之路实在太漫长，而阻力又这么大，毅力不佳的自动打了退堂鼓，让别人成功去吧，自己继续过自己平庸的小日子吧！能坚持到最后的人就寥寥了。

　　看似洒脱，其实是一种懦弱。因为改变不了自己几次三番被挫折打败的现实，只能过最为简单的日子。

只有奋斗过的青春，才不会留有任何的遗憾。这无关最后的成败，而在于你给予了自己争取成功的机会。

小学时写作文，我们就知道写"这个世上没有后悔药……"放着美好的青春不去奋斗一把，你确定以后你不会后悔？

在美国的一间办公室里，年轻导演泰伦斯·马利克一边喝着咖啡，一边紧张地看着对面正在看剧本的投资人。为了能够让自己的新影片《天堂之日》筹集到足够的资金，泰伦斯·马利克已经向这个投资人劝说了很长一段时间。

投资人不慌不忙地翻看着剧本，而在一旁焦急等待着的泰伦斯·马利克的心脏早就快跳到嗓子眼儿了。时间像一只懒散的蜗牛一样爬得非常慢，窗外叽叽喳喳的小鸟更是让人心烦不已。

就在这时，投资人忽然放下了手中的剧本，泰伦斯·马利克连忙放下手中的咖啡，向前倾了倾身体，等待着对方的意见。

"您的剧本不错，可是您知道做电影投资的，首先要考虑即将拍摄出来的电影能不能够赚钱。恕我直言，您这个剧本恐怕很难有太好的票房，因为它不是现在最流行的题材。"说着，投资人顿了顿，然后继续说道："而且虽然您拍了几部电影，可是要让我把这一大笔钱交给你这样的年轻人去拍电影，我还是难以放心。"

投资人说完，没有给泰伦斯·马利克继续劝说的时间，非常干脆地将他请出了办公室。

泰伦斯·马利克拿着剧本离开了投资人，神情非常沮丧。最近他已经找了很多投资商，可是全都遭到了无情的拒绝，泰伦斯·马利克感觉自己都快支撑不下去了。黯然走在街上的他突然狠狠地将剧本摔在地上，仰起头，发出了一声无奈的叹息。

屋漏偏逢连雨夜，泰伦斯·马利克没想到就连一向非常支持自己的好朋友也不同意自己拍摄这个电影。为了让泰伦斯·马利克打消这个念头，好朋友专门开着车从另一个城市赶到了泰伦斯·马利克的家来劝说。

"你要想清楚，在好莱坞你只不过是一个刚刚崭露头角的小导演，这里只敬重成功者，一旦你这部投资很大的电影失败了，那么以后就很难有人再给你投资了。"好朋友苦口婆心地劝着泰伦斯·马利克。

那天夜里，送走了好朋友之后，泰伦斯·马利克独自一个人望着星辰闪烁的夜空长时间地发着呆。一边是投资失败之后的巨大压力，一边是自己极其喜欢的题材，这种两难的选择让他实在难以做出决定。

想了大半夜之后，泰伦斯·马利克忽然挥了挥拳头，像是下了非常大的决心。第二天一大早，泰伦斯·马利克又继续四处联络投资人，不断地向他们推荐着自己的电影题材。这一次，他已经破釜沉舟了，宁愿承担起失败的巨大风险，也要把这部电影拍成功。

功夫不负苦心人，经过不断努力，泰伦斯·马利克终于找来了投资。在随后的拍摄过程中，泰伦斯·马利克付出了巨大的心血。当影片上映之后，立刻引来了一边倒的好评，《天堂之日》的成功给泰伦斯·马利克带来了巨大的声望，他也一下子从一个名不见经传的小导演跻身成为好莱坞的一线导演。

后来，当有人问泰伦斯·马利克当时是怎样顶住了各方面压力将影片拍摄成功的，泰伦斯·马利克告诉对方："年轻，就要去拼！如果年轻时都因为害怕失败而裹足不前，那么这一辈子都不会活出自己的精彩!"

一直保持着这种斗志和热情的泰伦斯·马利克在后来的岁月里赢得了巨大的成功，在不久之前，他的新作《生命之树》更是获得了第64届戛纳最佳影片金棕榈大奖。

年轻的我们，没有过人的资历、深厚的背景以及太多的经验，所以我们要想赢得胜利，就必须点燃身体里的热血，一刻不停地去拼搏努力。年轻，就要去拼! 只要我们敢想敢拼，就能为自己创造更多的机会，为自己的人生迎来转机!

年轻，就要去拼，拼了才有机会。泰伦斯·马利克这个名不见经传的小导演正因为太明白这个道理了，所以才不惜一切代价，拿自己的未来当筹码，大大地搏了一把。如果他像他朋友一样，顾及这部电影失败后给自己带来的影响，那么他还能放开手脚继续拉赞助，让这部电影得以开拍吗? 如果他遵循小心翼翼稳扎稳打的生存守则，搞不好现在还没有人知道泰伦斯·马利克这个名字。

一个人年轻时都没有奋斗的冲劲，难道还指望被岁月磨去锋芒之后，还有信心站起来? 那只是安慰自己罢了。

青春有限，趁着还有这股冲劲，就不要把自己的锐气收敛。该争取的就得争取，该奋斗的就该奋斗。岁月的激情都是自己争取来的，冷眼旁观永远没有亲自投入来得真切。拿出我们澎湃的激情，我们都可以成为站在舞台中央的人。

只有奋斗过的青春才不会留有遗憾。为一场盛世青春，我们一定要全力奋斗一场。

第六章
我们终会遇见想要的未来

　　人的未来是靠自己把握的，只有你才能决定你人生的航向，所以不要轻易动摇你的方向。只有充满信心，你才能让自己破风斩浪，所向披靡。只要我们有足够的坚持，总有一天，全世界都会为我们鼓掌！因为生活从不会亏待真正努力的人，机遇只光顾那些不畏艰难、阻碍不服输、不放弃的勇者。

1.只要你相信，就没有到不了的明天

信心这东西就有如此神奇的力量，它能在别人惊诧的目光下把不可能变成可能。所以任何时候，我们都不能摒弃信心。只要你相信，就没有到不了的明天。让我们铆足劲，勇敢地往前冲。

当我们执着去做一件事时，我们就投入地去做。不要太在意别人怎么说，怎么看。抛开所有其他人的观点，做你自己想做的事。因为别人不是当事者，他们不知道你真实的水平，也不知道你对完美地完成一件事有多么渴盼，更不知道这件事会对你有多大的影响。你想做的只是你人生中的一个部分，和别人无关。所以不要过分依赖别人的建议和想法，坦然地做自己想做的事，未尝不是一种明智的选择。

只要你相信自己，就没有跨不过的坎儿，你的执着终将会把你带到你希望的明天。

人的未来是靠自己把握的，只有你才能决定你人生的航向，所以不要轻易动摇你的方向。只有充满信心，才能让自己破风斩浪，所向披靡。

多年前，有一位 19 岁的年轻人正在念大学，晚饭后，他习惯地拿

起导师给他安排的作业，他是一个极有天赋的学生，几乎没有什么数学问题能够难住他。和往常一样，他很快就完成了前面的习题，可是在做最后一道题时，他卡住了，感觉寸步难行。

这道题是他从未遇到过的类型，要求用圆规和一把没有刻度的直尺做出一个正十七边形的图案来，他冥思苦想，但始终找不到破题的方法。一向聪明好强的他不相信自己做不出来，他觉得世上没有解决不了的数学问题，只是自己暂时没有找到方法而已。后来，他索性边画边想，并采取一些非常规的思维。当东方发白时，他终于长长地舒了一口气，因为他已经找到了解决问题的方法。

第二天，当他将作业交给导师看时，导师惊呆了，颤抖着问他："这是你自己完成的吗？"他点点头说："是的，它几乎耗费了我一个晚上的时间。"导师掩饰不住内心的激动，他无比高兴地说："简直难以置信，你竟然用一个晚上的时间解决了这个 2000 年来悬而未决的难题，要知道，阿基米德没有做出来，牛顿没有做出来，包括我自己也没有做出来，你真是一个难得的天才。"

他就是德国著名的数学家、物理学家、天文学家、大地测量学家约翰·卡尔·弗里德里希·高斯。

与高斯有着相同遭遇的还有著名的短跑名将班尼斯特。长期以来，体育界一直认为，人类不可能打破 4 分钟跑完一英里（约 1609 米）的极限。史上最好的成绩是 4 分 1 秒 4，它由瑞典选手根德尔·哈格创造的，此后再也没有一个人能够接近这个数字。对此，许多田径教练和心理学家进行了无数次科学研究，他们认为要想突破这个"梦幻 1 英里"，除非达到一种理想的状态，即：气温在华氏 68 度左右，没有风，地面坚硬干燥，周围还要有很多热情的观众鼓舞士气。但就读于牛津大学医学院的班尼斯特偏偏不信这个邪，他暗暗发誓，一定要成为第一个突破 4 分钟极限的人。随后，他利用在医学院学到的知识，制定了一套独特的训练方案，并刻意远离那些控制着这项运动的教练和经纪人。

1954 年 5 月 6 日，这是一个见证奇迹的时刻，但老天爷似乎并不眷顾班尼斯特，那天的天气很不好，不仅下了一场阵雨，还刮着每小时 15 英里的逆风，现场的观众也寥寥无几。然而，就是在这样一种不理想的状态下，班尼斯特却以 3 分 59 秒 4 的成绩跑完了 1 英里，实现了人们一直渴望突破的纪录。更让人不可思议的是，在班尼斯特打破纪录后的两年里，竟然有将近 400 人打破了这个神话。

原来，相信奇迹，才会创造奇迹，有时，信心比金子还重要。

约翰·卡尔·弗里德里希·高斯很多年后道出一个真相，如果当初导师告诉他，这是一道悬疑两千多年的数学题时，恐怕用十年时间也未必做得出来。

这就是人性的真相，因为他的信心被数学题前面的定义瓦解掉了。这么多伟人都不能解答出来，他一个小人物怎么可以？如果基本的信心没有了，那么拿什么来攻克难题呢？

反观班尼斯特，他信心饱满，即便在"天不和"的情况下还是破了这个传说中不能打破的纪录。而因为有了他的先例，给后面的人带来了无限的信心，两年时间，有 400 人打破了这个神话。

信心这东西就有如此神奇的力量，它能在别人惊诧的目光下把不可能变成可能。所以任何时候，我们都不能摒弃信心。只要你相信，就没有到不了的明天。让我们铆足劲，勇敢地往前冲。

2.面对苦难勇敢地迎上去，你得到的必将比预想的多

与其成为人生路上的逃兵，我们还不如勇敢地迎上去。我们的坚持必将改写我们的人生，面包会有的，牛奶会有的，笑容会有的……我们得到的不仅仅是我们希望的，还有很多超出我们预想的。

一个人从"一无所有"到"心想事成"，中间到底有多长的一段路程要走？没有人能计算出一个确切的数字。但是当一个人身处绝境不得不在漆黑的环境下寻找突破口时，恐惧、脆弱、无助会接踵而来。这个时候选择逃避，也是可以理解的。毕竟我们不能要求每个人是勇者，可以在所有的环境下，都保持笑容。

只是，不知道大家想过没有，逃避诚然让自己摆脱了困难，但是这一个举措轻易就斩断了自己连接未来的路。那些曾近勾画的向往的未来就像一幅画，只能存在脑海里，永远的触手不及了。

我们不是勇者，但是我们也不应该是懦弱的人。遇到所谓的困难就大声呼救，急剧逃离。当我们的脚往回走时，我们想过没有，前面固然困难重重，但转过身就一定能远离坎坷了吗？我们还是不知道我们会遇到什么，那些即将遭遇的是不是我们可以控制的。

人生最为神奇的地方就在于很多事情存在未知性。既然未来是未知的，那么为什么我们要放弃我们的理想，做临阵脱逃的逃兵？

我们有我们的责任，有我们应该争取的人生。

与其成为人生路上的逃兵，我们还不如勇敢地迎上去。我们的坚持必将改写我们的人生，面包会有的，牛奶会有的，笑容会有的……我们得到的不仅仅是我们希望的，还有很多超出我们预想的。

她出生在伊朗东北部一个贫困家庭。父亲做苦力，母亲给人家做帮佣，勉强维持着一家人的生存，所以刚刚出生，她就掉进了苦难里。

迫于生计，她6岁时随父母移居到非洲的津巴布韦，她在那里入学，和黑皮肤的孩子成为同学和玩伴。她本应该无忧无虑地享受童年时光，但灾难却不期而至。12岁那年，她小学还没有毕业，却突然得了眼疾，她眼前的世界一下子都模糊起来，就连书本上最大的字也看不清楚了。那天，母亲带着她离开校园时，她几次回头，也看不清曾经熟悉的老师和同学，她绝望地痛哭流涕。黑暗的世界里，她每天在地狱般的孤寂与痛苦中苦苦挣扎。为了安慰她的情绪，母亲每天晚上回来，都会给她讲一些外面的见闻。白天，父母都出去做工了，没有人来陪她，为了打发时光，她就把听到的那些见闻编成许多感人的故事。没想到，父母听了她的故事后，竟被感动得泪流满面。

16岁时，她的视力渐渐恢复了正常。看着家里的窘境，她主动向父母要求出去做工，赚钱养家。她找到的第一份工作是电话接线员，从早到晚地工作，一天能赚到买一块黑面包的钱。一块黑面包，她也很满足了，因为这就解决了全家人的晚餐问题。但是好景不长，不久，她就因为接错了一个重要电话而被解雇了。于是，她又开始四处寻找工作，最后，她给一个有钱人家的小孩做保姆，这是个不听话的孩子，没办法，为了哄他高兴，她就编各种各样的故事讲给他听。直到有一天，孩子的父亲偶然听到了她的故事，这位博览群书的男主人对她说："你讲的故事很精彩，出自哪本书呢？"她害羞地说是自己编出来的。男主人吃惊地对她说："一定要把你的故事都记录下来，有一天，你也许会成为作家呢。"这番话，对于16岁的她来说，不过是一句笑话罢了，因为她每天要面对的，还是贫穷的现实生活。

20岁时，她结婚生子了。她憧憬着，自己的人生之路，从此会洒满灿烂的阳光。但她没想到，婚姻却成了她生命中的另一个劫。婚后第三年，那个她认为可以依靠的男人，突然销声匿迹了，他拿走了家里所有的财物，扔下了三个幼子和支离破碎的家。想着茫茫的人生之路，她恐惧、心痛，她不知道自己的未来在哪里。为了排遣苦闷，她开始提起笔来写被自己称为故事的小说。写小说，成了可以让她逃避现实、排遣痛苦的方式。

31岁时，她发现自己实在无法养活三个年幼的儿子了。望着骨瘦如柴的孩子，她做出了一个大胆的决定：离开贫困的津巴布韦，到外面的世界寻找生机。她带着孩子离开津巴布韦，经南非开普敦搭乘客轮前往英国。万里飘摇的轮船上，她两手空空。此时，她的全部家当只是背包中的一部反映非洲生活的小说草稿。

刚刚下船，问题就来了。没有食物，没有住处，孩子们饥肠辘辘，她那颗母亲的心如同刀割。她拿着自己唯一的筹码——那部长篇小说的草稿到一些出版社去碰运气，结果，她处处碰壁，受尽白眼和奚落。没有人会相信，一个非洲来的流浪女人会写出可以一读的小说来。但她没有别的路可走，她不敢放弃，因为这是自己和孩子们的唯一机会。在半个月的时间里，她几乎敲遍了伦敦所有出版社的大门，直到有一家出版社同意以《野草在歌唱》为题出版她的小说。

任何人也没有想到，包括她自己，这部非洲题材的小说出版后竟吸引了无数读者，整个伦敦出版界在一夜之间都认识了这位带着三个孩子的年轻母亲。

一部小说的成功，让她看到了人生的希望和生活的方向——继续写故事，写小说。童年以来的苦难与坎坷经历，都成了她创作故事的素材。贫苦的出身，使她对弱者有着天然的亲近与同情；对人性的深切关注，又使她以强烈的社会责任感勤奋写作。结果，她在写作的道路上越走越顺，结出了累累硕果。

从 1952 年开始，她用 17 年的时间，创作发表了《暴力的孩子们》、《金色笔记》等多部长篇小说。她的作品越来越受到人们的关注，但与此同时，一些诋毁和攻击也如风暴般袭来，有些人说她的小说是狭隘思维与偏激思想的混合物，有些人干脆说那是垃圾。她宠辱不惊，唾面自干，埋着头继续写自己的小说。她相信，只要坚持笔耕不辍，总有一天，人们会理解自己的那些故事，并喜欢这些故事。

时光荏苒，在文字中耕耘的她由少妇变成了老妇，又由老妇熬成了耄耋的白发老婆婆。有一天，当她去超市购买生活用品回来时，看到自家门口挤满了带着摄像机的人。她好奇地问那些人："你们是要在这里拍外景剧吗？"这些人就告诉她："你获得了诺贝尔文学奖！"她就是多丽丝·莱辛。

多丽丝·莱辛，一个经历过失明，做过保姆，又被丈夫抛弃的可怜女人，曾经的她几乎一无所有。那时的她未来是灰色的。

可是她没有回头的机会，她只能面对苦难勇敢地迎上去。其实造就多丽丝·莱辛成功的最大机缘不是这本书，而是她双目失明时，她完全处在黑暗的世界中，却没有被击倒，而是把听闻编成了很多故事。而这个习惯在她成为保姆时再次运用，她的故事被男主人注意，并肯定了她讲故事的能力。这为她的人生做了铺垫，在她最穷困潦倒痛苦时，诞生了小说。

苦难对于人生来说，是灰色的、阴暗的，但是，只要你存有积极的心态，勇敢地迎上去，你得到的必将比你预想的要多。

人生的绽放需要一种姿态：坚持，不服输。

3.总有一天，全世界都会为你鼓掌

人生需要一步步走，虽然我们暂时看不到结果，但是只要我们付出的足够，它不会介意给我们成功。只要我们自己有信心，只要我们有足够的坚持，总有一天，全世界都会为我们鼓掌！

没到最后，没有谁可以断言我们的未来。我们不要轻易被别人的成就或言语影响。我们要走的只是我们自己的路，经历太多的失败也好，看不到明朗的成功也罢。这些都不能否认我们一路的努力，更不能轻易给我们的人生下定义。

人生需要一步步走，虽然我们暂时看不到结果，但是只要我们付出的足够，它不会介意给我们成功。只要我们自己有信心，只要我们有足够的坚持，总有一天，全世界都会为我们鼓掌！

2012年10月2日，阿曼沙巴河谷。27岁的英国小伙子加里·亨特站在高达27米的悬崖边，纵身一跃，以每小时85公里的速度，跳进了清澈的水潭，起跳、空中动作和入水三个方面，他的表现都非常出色，最终一举击败来自世界各地的11名顶尖高手，赢得现场观众经久不息的热烈掌声。

比赛结束，亨特以年度总冠军的身份，站在世界悬崖跳水比赛的领奖台上，当主持人问他有什么感想时，亨特居然对着麦克风，一字一字地说："此时，我只想对爸爸说，请原谅我曾是一个'蜗牛小子'！"

原来，亨特3岁时，和邻居家的几个孩子一起玩。有个小孩打算抢走亨特手里的玩具手枪，突然将一个尖锐的石块投掷过来，正好击中亨特的头部。看到殷红的鲜血滴落下来，亨特被吓坏了，使劲大哭起来。从此，他每天待在自己的房间里，不再出门，也几乎不怎么说话，父母带着他跑了很多医院，最后被诊断为"自闭症"，很难治愈。

转眼间，亨特到了入学的年龄。在爸爸的反复鼓励下，亨特终于背起了书包。不料，在学校待了没几天，他就哭闹着再也不肯去。原来，班里的同学发现，亨特总喜欢待在座位上，不参加任何活动，走路时脚步也特别缓慢，干脆给他起了个外号，叫"蜗牛小子"。

爸爸安慰亨特说："别怕，蜗牛有什么不好？"说着，拿出一本动物趣闻书，指着上面的图片说："你看，这个世界上能够到达金字塔顶端的，只有雄鹰和蜗牛。雄鹰的翅膀非常有力，所以可以任意翱翔，非常轻松地到达金字塔顶端，而小小的蜗牛，背着小小的房子，看起来不具备任何登高的优势，但它凭借顽强的毅力，每天爬一点儿，一直不停歇，最终也能到达梦想的巅峰呀！"

"所以，只要心怀梦想，敢于挑战自己，当一只蜗牛，并没什么可怕的！"爸爸简短有力的话语，仿佛一道阳光，悄悄照亮了亨特紧闭的心扉。不久，亨特在看电视时，偶然看到有人在表演悬崖跳水，当表演者在空中多次翻转之后，落入水中激起美丽的水花时，他看得如痴如醉，激动地大喊："我也要学！"

悬崖跳水，对选手的心理和身体素质都是一种特殊的考验，并不是仅仅有胆量就可以去尝试的。何况，亨特是一个胆子特别小的自闭症患者，想要学习这项技能谈何容易？爸爸本来不同意，却又被亨特的坚持所打动，只好点头答应。

从此，除了正常上学，亨特的日程被安排得特别满，要跑步锻炼身体，要练习多说话，要去爬山。13 岁那年，亨特如愿成为一家悬崖跳水俱乐部的成员，开始了强度更大的训练。15 岁时，亨特在一次全国性的少年组悬崖跳水比赛中，一举获得了冠军，开始受到媒体的关注。

2012 年，亨特报名参加了"2012 年世界悬崖跳水比赛"，一路过五关斩六将，终于又一次站在了领奖台上，这才有了本文开头那动人的一幕。

加里·亨特，自闭症患者，同学们眼中的蜗牛小子。可是经过父亲的开导后豁然开朗，凭着顽强的毅力投入到"悬崖跳水"这项运动中。并且获得了很大的成功。

当他慢悠悠地走路时，在他被称为蜗牛小子时，谁能预测他的未来是如此的一番景象呢？

这就是人生最神奇的地方。每过一天揭开一张牌面，每过一天揭开一张牌面。在牌面被揭开之前，没有人会知道即将会发生什么。也正因为不知道，大家都急于渴盼下一张牌可以带给自己惊喜。殊不知，牌面下的数字是可以改变的，哪怕你的起点很低，但是你努力了，坚持了，投入了，那么就会偷偷给你加分。

当然人生不会轻易就让你看穿它的游戏，它就像一个调皮的小子，为了不让你看出它的游戏规则，有时会在加分时给你扣分，在你要成功时，让你遭受挫折。而这些都是假象，只为了督促我们更努力，再努力。

只要我们持续这份努力，总有一天，人生会给我们一个大大的感叹号，全世界会为我们鼓掌。

4.生活不会亏待真正努力的人

真正的努力，不是追逐虚无的表面光鲜，而是追求由内到外的质的飞跃。在自己还没有足够强时，不要急于去显摆自己的能力，可以在舞台下边观摩边进步。生活不会亏待真正努力的人，你的努力终将会让你一鸣惊人。

努力不是投机取巧，不是急功近利，而是全心全意地把身心投入到我们想做的事情中去。不怕挫折不怕阻挠，用行动证明我们一直在坚持着。

就像水能穿石一样，困难也害怕执拗的人。坚固如磐石，也抵挡不了细水长流的攻势，何况我们持续在进步中，不是一成不变的水速，而是一直在加快加快。在我们持之以恒的努力下，困难再坚固，也坚固不过磐石，它总会对我们有所松动，迟早有一天会被我们攻破。我们需要的无非是坚持与等待。

生活从不会亏待真正努力的人，只要怀有这样的信念，还有什么是跨越不过的呢？

德国施坦威公司制造的钢琴堪称世界上最昂贵的钢琴。由马丁贝克剧院出售的一架1888年制造的施坦威钢琴，1980年3月26日在纽约索斯比拍卖行拍卖，成交价为39万美元。

早在150年前，钢琴制造师老施坦威先生在创立公司时定下了一个简单的目标：为钢琴家提供最好的钢琴。直到今天，这仍然是该公司的最高目标。为了达到这个目标，施坦威公司费尽心机，不计代价，在全世界寻找最昂贵的木材做琴体，拒绝使用价格便宜的塑料作为替代品；施坦威公司还有一整套严格的质量管理体系；公司还要花大量的时间和金钱培训钢琴制造师。这些大大延长了钢琴的制造周期，也限制了钢琴的产量，几百人的公司一年只能生产几十台钢琴。但经过上百年的发展和技术积累，施坦威公司在钢琴制造领域里处于持久的技术领先地位。尽管价格不菲（在我国一台施坦威钢琴的价格要超过一辆豪华奔驰轿车的价格），施坦威钢琴的订单还是供不应求，要购买一台钢琴需耐心等待数月甚至一年以上，这也给该公司的员工和股东带来源源不断的收入。

前不久，一名记者慕名采访了施坦威公司驻中国首席代表施岩先生，记者问他公司为何不凭借施坦威的品牌涉足其他乐器的制造，或者是与其他公司合作扩大生产规模提高产量，制造出让一般家庭买得起的钢琴。

施岩说："近几年，我们有很多扩大企业规模的机会，也有许多公司想与我们合作制造其他乐器，但我们都抵御住了诱惑。涉足其他乐器制造，会分散我们的精力，不能专注钢琴的生产；扩大规模，提高产量，走大众化道路，会逐渐失去我们技术领先的地位。最重要的是，这都有悖于我们企业的最高目标：造出世界上最好的钢琴。这正如做一条小河中的大鱼，比做一条大海中的鲸鱼更容易成活。"

不错，认准目标，抵制外来干扰与诱惑，集中精力，把一件事做到极致，保持小领域的绝对领先，我们离成功就不远了。

德国施坦威公司制造的钢琴是世界上最昂贵的，人们为什么要认同它的昂贵呢？很简单，它从不放低要求，一直奉行的信条是造出世界上最好的钢琴。它抵制了所有的诱惑，不管别人开出如何诱人的条件，始终坚持把质量放到了首位，不会为了提高产量，盲目地扩大规模，坚持做最好的钢琴。

这就是真正的努力，不是哗众取宠偷工减料，而是实打实地做好钢琴。一个企业的成功在于此，一个人的成功呢？其实也是如此。

真正的努力，不是追逐虚无的表面光鲜，而是追求由内到外的质的飞跃。在自己还没有足够强时，不要急于去显摆自己的能力，可以在舞台下边观摩边进步。生活不会亏待真正努力的人，你的努力终将会让你一鸣惊人。

20世纪30年代，美国经济大萧条，许多企业纷纷倒闭。一家钢铁公司也陷入困境，总裁请来管理专家伊凡·李，探求拯救之策。

总裁开门见山："请你别告诉我怎么管，只告诉我怎么做，我们迫切需要的是更好的工作方法。如果你能提供一个好方法，我会照你说的去做。你要多少报酬，只要合理，我都会给你。"

伊凡·李说："我会在20分钟内想出一个至少将效率提高50%的办法来。"说完，递给总裁一张白纸，并对他说："请在这张纸上写下6件你明天必须做的最重要的事情。"总裁想了想，按照要求做了，用时不到4分钟。

伊凡·李又递给总裁一张白纸，说："请按照这6件事的重要程度，从重要到次要重新排序。"总裁又用了不到4分钟照办了。

然后，伊凡·李把这张写有重新排序事项的纸交还给总裁，并对他说："现在，请把这张纸放在你的公文包里，明天早上第一件事就是把它拿出来，看看第一条，开始做第一件事。做完第一件事后，再做第二件，第三件，以此类推。直到一天结束。"顿了顿，他接着说："每个工作日都坚持这样做，见到效果后，让你的员工也尝试着这样做。如果你喜欢，不妨试试看。试完之后，你认为这个主意值多少钱就给我多少钱吧。"

不到半小时，伊凡·李就起身告辞了。

数周之后，总裁给伊凡·李寄去了一张25000美元的支票，并附有一封信。信上说："你的主意效果显著，感谢你给我上的一课。你的讲课是我一生中最值钱的一课，也是让我最赚钱的一课。"

5年后，伊凡·李的主意让这家名不见经传的公司一举成为世界最著名的钢铁企业之一。

成功的打算，造就成功的每一天；成功的每一天，造就成功的一生。

这个故事从表面看只是伊凡·李提供了一个提高效率的方法，从而让这家名不见经传的公司一举成为世界最著名的钢铁企业之一。

而深层次的内容就是：在成功之前每个人都在努力。但是努力是有差距的。就像故事中的总裁，他每天也是面对这么多事情，也在勤勤恳恳地处理这些事，他的努力是大家都能看到的，但是为什么就是不能成功，而被伊凡·李点拨一下，突然就逆转了呢？

这个成功的故事告诉我们：只有系统地有目的地努力，才能从质上进行改变。这才是真正的努力。

任何时候我们都不要急于投入，在投入之前应该冷静分析，我们在什么方面还有所欠缺，我们应该往什么方面努力。

生活从不会亏待真正努力的人，但是努力，也要看准角度，以达到事半功倍的效果。

5.含泪播种的人一定会含笑收获

身处逆境又何妨，世界欺负你的弱小，你就努力让自己变得强大。跌倒站起，再跌倒再站起。只要你不被恶劣的环境影响，怀抱希望、虔心播种，总有你收获的一季。

不是所有的人都拥有对人生的选择权，有些人从出生开始就被责任牵绊着，没有多余的选择项，人生的指向只有一条：必须承担自己的责任。不管自己可以不可以，不管自己喜欢不喜欢，责任就摆在面前，无法逃避。

人的起跑线是不一样的，人与人的人生也是不一样的。但是如果因为这些不一样就轻易认输的话，那么人生还有什么希望？除了把自己扔进灰色的世界，与周遭的一切变得格格不入之外，还有什么能让自己快乐的理由？

我们不要被我们面对的苦难吓倒。偌大一座山在愚公的家门前，他非但没回避这问题，还积极地开展了搬山运动。我们的问题难道比一座山还要巨大沉重？希望是自己给予自己的，消极也是自己暗示自己形成的。想选择什么样的人生全在于自己的一念之间。但是有一点是不用质疑的——含泪播种的人一定会含笑收获！

因为经历了太多的苦楚，所以更珍惜每次机会，懂得变强的重要性，会变得更坚韧，更努力。只要播下了种子，就会尽力培植。

我们一起来看一个故事。

克里蒙·斯通，幼年丧父，家中一贫如洗。生活所迫，他不得不和很多穷孩子一样，做了报童。他满怀希望地走进一家饭馆，但还没来得及叫卖，就被老板连踢带打地赶了出来。第二次进去，又被踢了出来。

小斯通真不想干了，可一想到替别人洗衣服的母亲那双满是血口子的手，他便硬着头皮又一次走了进去。客人们被这个不要命的小家伙惊呆了，或许是出于同情，他们说服老板允许斯通在饭馆卖报。虽然受了皮肉之苦，但口袋里却装了不少钱，报童生活给了他锲而不舍的精神。

"我做对了什么？又做错了什么？下次我该怎样处理同样的情况？"从那次卖报之后，斯通就一直保持着勤于思考的习惯。

后来，斯通的母亲为一家保险经纪社推销保险。16 岁那年暑假，斯通也试着去推销保险。他看准了一栋办公大楼，走了过去，当年卖报的情形浮现在眼前。斯通站在楼梯前，浑身发抖。是害怕，还是激动？他一时也弄不清楚。

"如果你做了，没有损失，还可能大有收获，那就动手去做，马上就做！"斯通给自己打气，终于走进了大楼。这一次，他没有被踢出来。遭到拒绝，他就立即来到下一间办公室，这样做就没有时间去犹豫，没有时间去害怕。那天，斯通只卖出了 2 份保险，但他十分高兴，因为他看到了自己潜在的才能，也学到了不少推销知识。第二天他卖出了 4 份，第三天 6 份。

一不做，二不休，为了开创自己的事业，斯通干脆退了学，走遍了密西根州。每天都能推销近 40 份保险。这样，到了 20 岁那年，他信心满满地来到芝加哥，开了一家保险经纪社。开业第一天，他就卖出了 54 份保险，这是一个好兆头。斯通信心十足，四处奔波，推销保险。在祖利叶城，他创造了一天卖出 122 份保险的奇迹。

斯通觉得应该雇用一些助理员，但他很冷静，早期的成功使他得出了一个结论：开始时不能图快，要把根基打牢，才能持久。因此他认真挑选了几名推销员。自己的事业在芝加哥打下牢固基础后，才来到威斯康辛州和印第安纳州，接着又到其他州推销并在全国性的报纸上登广告。这样，到 20 世纪 20 年代末，在全美各州拥有 1000 多名推销员的斯通经纪社，已经初具规模，令人刮目相看。

但世事难料，斯通经纪社后来遭遇了美国经济大恐慌时期。一时间，各行业都一蹶不振。人们没有钱买健康保险和意外保险，有钱人宁愿把钱存下来以防不测，经纪社面临巨大的困难。

斯通并没有灰心。他猜想繁荣年头里雇用的那些推销员没有经受住当前经济萧条的巨大考验，这才是真正的原因。"销售是否成功，决定于推销员，而不是顾客。"斯通要亲自去证明这句行话。

他来到纽约，凭着过硬的推销本领，取得了骄人的成绩。这证实了他的判断。因此，他马上编印了一些关于如何推销的讲义，发给推销员们。他还亲自穿行于各州之间，跟着他们一起出去推销，结合讲义，演示给他们看。虽然他的推销员从 1000 人减少到 200 人，但这

200 名训练有素的推销员却创造了巨额的财富。

大恐慌反而使斯通成了一名大富翁，而其他保险公司却停业了，斯通趁机买下了几家，结果扭亏为盈。在他的不断努力下，这位昔日的小报童终于成了美国的"保险大王"。

幼年丧父，一贫如洗，做过报童，卖过保险。骂也罢，踢也罢，拒绝也罢，不能选择自己的命运，就要勇敢地和命运抗争。再胆怯，再疲惫，再恐惧，斯通还是含着泪阻止自己退缩的步伐。不回头，往前冲，直到冲到另一番天地。

是的，斯通人生的起点很卑微，一路也遭受了很多的挫折。但是这些都没能阻止他走向成功的步伐。

不管以什么样的方式开头，只要你有蓬勃向上永不放弃的决心，曾经的苦难都会向你低头。斯通用他的成功向世人证明了这一点。

只要我们有斯通这种顽强的毅力，身处逆境又何妨，世界欺负你的弱小，你就努力让自己变得强大。跌倒站起，再跌倒再站起。只要你不被恶劣的环境影响，怀抱希望、虔心播种，总有你收获的一季。把所有的不可能改写为可能，把泪眸换成笑眼。最重要的是即便含泪你也在坚持播种。

困难惧怕不服输的人，趁着我们年轻，还有足够的精力再来一次，我们就不能放弃。只要能含笑收获，含泪播种又如何？

6.真正的强者，是在绝境之巅依旧顽强坚持的人

强者是沉重的现实压不垮的人，是眼含热泪却依旧在奔跑的人，是即便前面是悬崖，他也不会给自己后退的机会的人。很多时候，机会就藏在绝境之巅，顽强坚持住就能绝地逢生。

何为强者？是从摆放卡片开始就充分体现才智的神童，还是过目不忘的奇才？或是上知天文下知地理的智者？

是的，他们都是强者，但是他们的强能持续到最后吗？把他们扔到逆境，他们还能像之前一样淡定自若，不急不躁吗？如果是，那么就是不折不扣的强者，如果不是，那就不是我们要说的强者了。

真正的强者并不是一定要有过人的天赋，有超级强大的技能，而是不管遭遇什么样的挫折，他的心是坚毅的，不会因为任何的阻挠改变。自己的目标是什么，就一定向着这个方向奔跑，绝不会被任何困难吓倒，哪怕伤痕累累，也一直在往前冲。

接下来，我要讲一则有关一条鱼的故事，据说听过的人没有几个不动容的。

在距非洲撒哈拉沙漠不远处的利比亚东部，有一个叫杜兹的偏远

农村，这里白天的平均气温高达 42 摄氏度，一年中除了秋季会有短暂的雨水外，其他绝大部分时间都是骄阳似火。

然而，就在这样一个恶劣的环境中，却生长着一种世界上最奇异的鱼，它能在长时间缺水、缺食物的情况下，忍着不死，并且通过长时间的休眠和不懈的自我解救，最终等来雨季，赢得新生，它便是非洲的杜兹肺鱼。

每年当干旱季节来临时，杜兹河流的水都会枯竭，当地的农民便再也无法从河流里取到现成的饮用水了。为了省事，当他们在劳作时口渴了，便会深挖出河床里的淤泥，找出几条深藏在其中的肺鱼，肺鱼体内的肺囊里储存了不少干净的水。

农民们将挖出来的肺鱼对准自己的嘴巴，然后用力挤，肺鱼体内的水便会全部流了出来，解了农民的渴。

然后，农民便会将其随意地一扔，不再顾及它们的死活。

有一条叫"黑玛"的杜兹肺鱼就不幸遇见了这样的事情：当一个农民挤干了它的水分后，便将它抛弃在河岸上。无遮无挡的黑玛被太阳晒得直冒油，生命垂危。好在它拼命地蹦呀、跳呀，最后终于跳回到了之前的淤泥中，重新捡回了一条命。

但是，不幸远没有就此打住。很快，又有一个农民要搭建一座泥房子，于是他开始到河床里取出一大堆的淤泥，好用它们做成泥坯子。不巧，黑玛正好就在这堆淤泥中。于是，它又被这个农民毫不知情地打进泥坯里。泥坯晒干后，那个农民便用它们垒墙，黑玛很自然地便成了墙的一部分，完全被埋进墙壁里，没有人知道墙里还有一条鱼。

此时墙中的黑玛已完全脱离了水，而且没有任何食物，它必须依靠囊中仅有的一些水，迅速进入彻底的休眠状态之中。

在黑暗中整整等待了半年后，黑玛终于等来了久违的短暂雨季，雨水将包裹黑玛的泥坯轻轻打湿，一些水汽便开始朝泥坯内部渗入。

湿气很快将黑玛从深度休眠中唤醒了过来，体衰力竭且体内水分已基本耗尽的黑玛，开始拼命地整天整夜地吸呀吸，好将刚进入泥坯里的水汽和养分一点点地全部吸入肺囊中——这是黑玛唯一的自救办法。

当再无水汽和养分可吸之时，黑玛又开始新一轮的休眠。

很快，新房盖好后的第一年过去了，包裹着黑玛的泥坯依旧坚如磐石，黑玛如同一块"活化石"被镶嵌在其中，一动也不能动。黑玛深知此时再多的挣扎都是徒劳，唯有静静等待。

第二年，在自然的变化以及地球重力的作用下，泥坯彼此之间已不如之前密合得那么好，它们开始有了些松动。黑玛觉得机会来了，它不再休眠了，而是开始日夜不停地用全身去磨蹭泥坯，生硬的泥坯刺得黑玛生疼，但它始终没有放弃，在它的坚持下，一些泥坯开始变成粉末状，纷纷落下。

在黑玛昼夜不断地磨蹭之下，第三年它周围的空间大了许多，甚至可以让它打个滚，翻个身了。但是，此时的黑玛还是无法脱身，泥坯外还有最后一层牢固的阻挡。

改变命运的转机发生在第四年，一场难得一见的狂风夹带着雨点如米粒般大小的暴雨，终于在某个夜里呼啸而至，更可喜的是，由于房子的主人已在一年多前弃家而走了，这座房子已年久失修，在暴雨和狂风的作用下，泥坯开始纷纷松动、滑落，直至最后完全垮塌。此时，黑玛用尽全身最后的一点力气，与暴风雨内应外合，一使劲，破土而出了！

沿着满路面下泻的流水，重见天日的黑玛很快便游到不远处的一条河流中，那里有它期待了4年的一切食物和营养——肺鱼黑玛终于战胜了死亡，赢得重生！这是杜兹，也是整个撒哈拉沙漠里的生命奇迹。而这个奇迹的名字便叫坚持和忍耐！

肺鱼黑玛是个弱者，人们可以肆意抢夺它藏在肺囊里的水，随意地把它扔到地上，好不容易蹦到淤泥里，又不得不被建在了泥墙中。它连反抗的能力也没有，只能乖乖地在泥墙里等待机会，一年，两年，三年，直到第四年借着一场暴雨重新回到了河里。如果没有那场暴雨，它还得在墙里持续它的等待……

可是就是这样的一个弱者，几乎所有生物都不敢想象的四年，却硬生生地被它挺了过来。

这是一个普通的弱者所为吗？当然不是。若真是弱者的话，只怕当农民抢夺了它的水后，它就在地上等死了。干燥的地面，没有水，这对鱼而言就是绝境。可是黑玛却创造了奇迹。

真正的强者并不是在顺境中得到多少人喜欢，创造多大的价值，而是在逆境中，在看似毫无出头之日时，以顽强的心态面对眼前的一切。

强者是沉重的现实压不垮的人，是眼含热泪却依旧在奔跑的人，是即便前面是悬崖，他也不会给自己后退的机会的人。很多时候，机会就藏在绝境之巅，顽强坚持住就能绝地逢生。

我们要做真正的强者，苦难算不了什么，活着就是希望，认准一个方向坚持到底，就不会有什么遗憾。

7.我们终会遇见想要的未来

只要怀有梦想，再大的困难也没有渴望拥抱梦想的念想来得强大。只要沿着这个强大的念想走下去，还有什么是我们无法跨越的？怀抱梦想，我们终会遇见想要的未来。

每个人都有选择自己人生道路的权利，只要确认了目的地，那就义无反顾地走下去，带着不达目的誓不罢休的坚持，就一定会到达目的地。

可能现在我们才刚刚起步，还有很多需要我们自身完善的地方，所以磕磕碰碰在所难免，我们不能因为遭遇到我们无法顺利解决的事就急于否认自己。没有人生来就是完人，所有人都是从幼稚走向成熟，由失败走向成功。

梦想在，努力在，毅力在，希望就在。我们的坚持，终将会给我们带来我们想要的未来。

年过六旬，大字不识几个，老伴去世，儿女各自成家。很多人都会觉得，这样的人生，就像渐渐西沉的太阳，再也不可能发出耀眼的光芒。可是，有位老太太却用实际行动告诉我们，夕阳的余晖也可以美不收胜。

这真的是一个很普通的老太太，出生在山东省一个偏僻的小山村，经历过战乱和饥荒，闯过关东，成长中的每一步，都可谓步步惊心。

当历经磨难，该安享晚年时，一场突如其来的车祸，让她和相濡以沫多年的老伴，从此天人永隔。

悲伤和孤独潮水一样将她淹没，那一年，她已是 60 岁的银发老人。为了排遣寂寞，她开始夜以继日地织毛衣，织完毛衣织坎肩，织完坎肩织毛裤。

女儿看着心痛，就说：妈，我教你认字吧。

她的眼里闪过一抹亮光。小时候家里穷，哪有机会读书识字啊。那时候，看着别人背着书包走进课堂，她也曾生出无限的艳羡，看着别人捧着书本，看得津津有味，总是勾起她无限的好奇。

如今，自己有大把的时间，身边又有现成的老师，为什么不好好地填补曾经的遗憾呢？

年龄大了，记忆力减退，想要认字，并不是一件容易的事。但她决定做了，就不想认输，大街上的招牌，别人发的传单，电线杆上贴的小广告，公交车站牌，都是她的"教材"，她不厌其烦，一遍又一遍地念，一个字一个字地认，直到它们变成一眼就能认出的"老朋友"。

她还迷上了看电视，不过，她并不看演员长得漂不漂亮，也不看人家打斗得多精彩，她只盯着屏幕下方的字看，一边看一边听，一集电视剧看下来，虽然眼睛酸痛，但也收获不小。

除此之外，她还喜欢自己编快板，她说一句，让女儿写一句，写完了，她自己再反复地看，反复地念，那些不认识的字，慢慢也就认识了。

几个月以后，她可以拿起孙子的《格林童话》，毫不费劲地看起来。看完后，她就乐滋滋地讲给别人听。可是，这些故事大家耳熟能详，根本没有吸引力，大家就让她讲一些别的故事。讲什么好呢？想来想去，只有些自己经历的事。没想到，这些事讲出来后，大家都非常喜欢听。

听多了母亲的故事，女儿就鼓励她，干脆自己动笔，把这些故事写出来。没想到，孙子孙女们听说奶奶要写故事，一个个笑得前仰后合，大家都把这事儿当成了天方夜谭。

她却不服气，凭什么你们能写，我就不能写？她下定决心，要做个样子给晚辈们看看。

但是，写字的艰难还是超出了她的想象。起初，她写一个字就要花好几分钟，横不平，竖不直，歪歪扭扭，特别难看。过段时间，她能在纸上写一句完整的话了。再过一段时间，能写一小段话了。又练习几个月，能写出一篇小文章了，虽然没有标点符号，也不懂分段，还是让她心里乐开了花。

写作逐渐成了她的一种习惯。她每天凌晨三四点钟起床，在脑海里搜索那些难忘的人和事，然后，一个字一个字地把故事写下来，语言平淡直白，情感却万分真挚。写好了，她会拿给女儿看，女儿说写得好，她就眉开眼笑，女儿说不行，得重写，她就老老实实地重写一遍。

写作慢慢成了她生活中最重要的事。刚开始她在外甥的卧室里写，外甥放假回家，她就到客厅的茶几上写，家里来了客人，客厅被占用了，她就带着小台灯跑到厨房里写，总之，只要能写字的地方，都是她的书房。

她每写一篇，女儿就帮她贴到博客上。她写的那些故事，都发生在那个战乱和饥荒的年代，有她自己亲身经历的，亲眼看到的，也有听别人讲的。很多时候，写着写着，她自己忍不住泪流满面了，那些故事，一个个都揪着人的心啊！

追着看她故事的人越来越多，很多人看得热泪盈眶，大家都纷纷称赞，说这些故事真实而鲜活，说她是最会讲故事的人。

她的故事还打动了编辑，《读库》、《新青年》、《北方文学》、《黑龙江日报》纷纷刊登，然后，又有出版社要与她签约。

一个个短小精悍的故事，组合成了一本书《穷时候，乱时候》，此书一面世就好评如潮，很多读者成了她忠实的粉丝，不远千里登门造访，很多媒体也争相采访报道。

她一下子成了网络红人，成了名副其实的作家，而从当初识字走到现在，她整整用了16年。

她就是传奇老人姜淑梅，如今，76岁的她即将出版自己的第二本书。她说："把一生一世的事儿写在纸上，真是太高兴了。"她一直信奉父亲的一句话：人在遇到困难时，别在困难面前低头，要动脑筋解决问题。正是这句话，让她撑过了动乱，撑过了失去伴侣的悲伤，支撑她一步步走到现在，走成一个励志传奇。

年过六旬的老人，从识字开始，开始了写小说的旅程。她比别人晚了几十年起步，却依然收获在她盼望的季节。一个老人尚且可以做到如此，更何况是我们年轻人呢？你敢说你的梦想没有老人的来得强烈，还是想说你的阻力比她的还大？

你和老人之间的差距不是成功的距离，而是为了梦想付出程度的差距，是你对自己不够狠。舍不得自己受太多的苦，受到强烈的打击，也害怕听到太多嘲讽的声音。就因为你对自己心慈了，才拉大了差距，而那个差距会要了你的命，让你无法攀爬到成功的巅峰。

追逐梦想时，不要给自己任何的借口，方向只有一个，动机只有一个，剩下的就是无条件地去做。我们要做的无非就是这么几件事：一是行动上的努力，踏踏实实地用努力去支撑这个梦想；二是坚持，就像小时候背书一样，一个关一次闯不过，就第二次，第二次闯不过就第三次。只要有这份信念，闯关成功是迟早的事。

只要怀有梦想，再大的困难也没有渴望拥抱梦想的念想来得强大。只要沿着这个强大的念想走下去，还有什么是我们无法跨越的？怀抱梦想，我们终会遇见想要的未来。

第七章
要活出精彩，你必须坚持做最优秀的自己

　　这个世界没有天生的成功者。你要想成功，需要学会珍惜零碎的时间，让优秀的自己办事更有效率，让优秀的自己品性更优良。为了实现梦想，你要勇于担当，挺起腰杆坚持下去，即使在某一领域很优秀，也要不断使自己变得更优秀，让自己持久无可替代。

1.珍惜你的零碎时间，让优秀的你办事更有效率

这个世界没有天生的成功者，他们之所以成功只因为他们将零碎的时间都用在了提高自身的素养能力上。我们并不是成功舞台前的观众，我们也可以是舞台上的参与者。只是首先我们得学会珍惜零碎的时间，让优秀的自己办事更有效率。

有一个著名的"三八理论"，就是一个普通成年人的一天应该分为"三个八"：八小时工作，八小时睡觉，八小时自由安排时间。前面两个"八"，大多数人是一样的，并无多大变化；人与人之间的不同，就在于剩下的八小时怎么度过。

人与人的差别主要就取决于这八小时自由安排的时间。可见，零碎时间的利用对人生的影响是相当巨大的。所以，我们不能视时间为游戏，做一天和尚撞一天钟，那样我们的人生就没有意义了。与其庸俗地活着，还不如把我们的零碎时间积攒下来，让自己更优秀，让自己办事更有效率。

提到珍惜时间，我们就不得不说说下面这个故事：

爱迪生一生只上过三个月的小学，他的学问是靠母亲的教导和自

学得来的。他的成功，应该归功于母亲自小对他的谅解与耐心的教导，才使原来被人认为是低能儿的爱迪生，长大后成为举世闻名的"发明大王"。

爱迪生从小就对很多事物感到好奇，而且喜欢亲自去试验一下，直到明白了其中的道理为止。长大以后，他就凭着自己这方面的兴趣，一心一意做研究和发明的工作。他在新泽西州建立了一个实验室，一生共发明了电灯、电报机、留声机、电影机、磁力析矿机、压碎机等总计两千余种东西。爱迪生的诸多发明为人类社会做出了重大的贡献。

"浪费，最大的浪费莫过于浪费时间了。"爱迪生常对助手说，"人生太短暂了，要多想办法，用极少的时间办更多的事情。"

一天，爱迪生在实验室里工作，他递给助手一个没上灯口的空玻璃灯泡，说："你量量灯泡的容量。"说完他就低头工作了。

过了好半天，他问："容量多少？"他没听见回答，转头看见助手拿着软尺在测量灯泡的周长、斜度，并拿了测得的数字伏在桌上计算。他说："时间，时间，怎么费那么多的时间呢？"爱迪生走过来，拿起那个空灯泡，向里面斟满了水，交给助手，说："将里面的水倒在量杯里，马上告诉我它的容量。"

助手立刻读出了数字。

爱迪生说："这是多么容易的测量方法啊，它又准确，又节省时间，你怎么想不到呢？还去算，那岂不是白白地浪费时间吗？"

助手的脸红了。

爱迪生喃喃地说："人生太短暂了，太短暂了，要节省时间，多做事情啊！"

爱迪生未成名前是个穷工人。一次，他的老朋友在街上遇见他，关心地说："看你身上这件大衣破得不像样了，你应该换一件新的。"

"用得着吗？在纽约没人认识我。"爱迪生毫不在乎地回答。

几年过去了，爱迪生成了大发明家。

有一天，爱迪生又在纽约街头碰上了那个朋友。"哎呀，"那位朋友惊叫起来，"你怎么还穿这件破大衣呀？这回，你无论如何要换一件新的了！"

"用得着吗？这儿已经是人人都认识我了。"爱迪生仍然毫不在乎地回答。

爱迪生的成就直接关乎我们现在的生活，正是因为他伟大的发明才有了我们现在高品质的生活。但是这一切诞生的前提就是因为他珍惜时间，他几乎把换一件新衣的时间都节约下来，用在了创造发明上。

巴尔扎克把时间比作资本，诗人歌德把时间看成自己的财产，陶渊明说："盛年不重来，一日难再晨。及时当勉励，岁月不待人。"岳飞说："莫等闲，白了少年头，空悲切！"鲁迅先生说："时间就是生命。无端地空耗别人的时间，其实无异于谋财害命。"

这个世界没有天生的成功者，他们之所以成功只因为他们将零碎的时间都用在了提高自身的素养能力上。我们并不是成功舞台前的观众，我们也可以是舞台上的参与者。只是首先我们得学会珍惜零碎的时间，让优秀的自己办事更有效率。

2.优秀的品质带你走向成功

让优秀的品质指导你的行动时，就会少很多抱怨，只有沉下心好好地反思自己，才能更好地从自身发现不足，从而改变自己，提升自己，为成功打下结实的基础。

想成为一个有所成就的人，优秀的品质绝对是通向成功的一个大筹码。与其把希望寄托到别人身上，希望别人注目，还不如修炼自己。从内心到品性，让优秀成为自己的标签。

我们渴望成功，成功却更偏好具备优秀品质的人。在我们展示我们人格魅力的同时，或许成功就会接踵而至。

我们一起来看看下面一组故事：

一家民营企业生产民用家具，在一批货发出后，发现有一张桌子少漆了一遍。经查找，这张桌子已经被顾客买走了。于是厂方便通过电台连续广播了半个月，寻找那位买主。没想到，此项举措虽然没找到买主，却引来了12家商场愿意包销该厂产品的好消息。

这家民营企业的良好信誉使其得到了一个不小的意外收获。

几年前，某人的妻子听某个一知半解的人说××牌 UPS 电源能够稳定电压、保护电器，就信以为真地来到电脑用品商店购买，想用作家里新买的电冰箱的电源保护器。这家电脑用品商店的老板详细问清她的来意后心想：卖还是不卖？卖，这种电源保护器对保护电冰箱毫无用处；不卖，到手的"肥肉"就会丢掉。犹豫再三，商店老板的良心战胜了贪欲。他向这位妻子仔细讲解了该电源的用途和电冰箱的耗电原理，劝她不要花几百元钱买一个对自己来说无用的东西。这位妻子先是不解，当明白商店老板确实是一片好心时，便由衷地感到敬佩。第二天，某人和妻子从这家商店购买了一台价值不菲的电脑，因为某人和妻子都觉得从这里购买商品放心。他们还逢人便讲这家商店老板的良好品德，他们的几位亲戚、同学受到感染，也从他那里购买了不少东西。具有良好品德的人不仅能赢得对方的心，而且还能赢得周围人的心，凡是知道他具有良好品德的人都愿意与他交往。

在人的一生中，道德品格都会起作用，要么是你的宝库，要么是你前行的绊脚石。试想，如果你在二三十岁就被人给自己贴上一个不道德的标签，往后的路怎么走呀？只有以一种好的品德待人方可终身受益。

民营企业，没因为卖出一张少漆一遍的桌子沾沾自喜，反而通过电台寻找那买主，以不负一个企业的信誉；商店的老板并没有为了赚送上门来的钱，反而普及了电源的用途和电冰箱的耗电原理，表面看少赚了钱，却在无意中获得了敬佩，反而带来了生意。

我们总觉得人生有很多不尽人意的地方，但是如果我们用优秀的品质指导我们的行动，我们的抱怨声就会悄悄熄灭。

成功的路上不需要抱怨，我们需要做的是如何积极地沿着我们预定的路线走下去，不管遇到什么困难，当优秀品质是我们时刻不能放弃的习惯时，我们就会发现，所有的问题换个角度都不是问题，我们要做的只是调整一下心态罢了。

让优秀的品质指导你的行动时，就会少很多抱怨，只有沉下心好好地反思自己，才能更好地从自身发现不足，从而改变自己，提升自己，为成功打下结实的基础。

3. 不断使自我更优秀，你才能持久无可取代

没有什么优秀是可以持久无可取代的，想避免被取代，唯一的方式就是不断使自己变得更优秀。

一个人想要达到无可取代的境地，必须优秀。但是优秀了就一定无可取代吗？答案是否定的。

这个世界没有什么是一成不变的，地球是转的，太阳是动的，你又怎么能期望你能守着这个位置不变呢？在你的身后有一大拨竞争对手，如果你不向前，他们很快就会超越你，你的位置就会被取代。

这不是危言耸听，而是每个人都需要接受的游戏规则。表面是残酷，但是正是因为有这份残酷，你才有机会登上了你想到达的位置。上苍是公平的，没有什么优秀是可以持久无可取代的，想避免被取代，唯一的方式就是不断使自己变得更优秀。就像电脑软件一样，只有不停地更新、不停地升级，才能避免黑客从漏洞中攻破，让系统瘫痪。

未雨绸缪是每个人都应该做的事，想持久无可取代就必须不断提升自己的优秀程度。

这是美国华盛顿市郊的一个福利院。一天，院长开门时，听见门

口传来一阵婴儿的啼哭声，探身一看，墙角处平放着一个女婴，竟然少了五根指头。院长给她起了个名字：珍妮。

院里的孩子们，大多是有缺陷的，所以，不论是院长、老师们，还是来做义工的人，都努力呵护着他们脆弱的心房，给予加倍的关怀，并且，尽量防止一切可能对孩子的自尊产生刺激的事情发生。

可是，这一切规则被新来的体育老师打破了。他居然冒天下之大不韪地将有缺陷的孩子分成小组，再根据每组情况的不同，要求他们做各种似乎已经超越孩子们承受能力的游戏。院长知道后，大为恼火，他斥责这个年轻人不理智，这些孩子们需要保护，不要去揭开那些陈年的伤疤。

可是，这位老师却坚持认为，即使是有缺陷的孩子也应该有正视自己的勇气，并且有为自己开拓新天地的梦想。

于是，他在认真观察、悉心开导后，仍然坚持让一些腿部有疾病的孩子坐着去打球，让上肢有问题的孩子去参加赛跑游戏。

日子久了，院长惊奇地发现，那个叫作珍妮的小女孩居然潜藏着赛跑的天分，虽然少了五根指头，可是爆发力却极好，自信开始一天天出现在那张稚气、绽满笑容的脸庞上。

令人振奋的情形接踵而至，孩子们渐渐开始展示出一些许多常人所意想不到的强项：有的擅长沟通，能够在最短的时间内将自己手里的鲜花推销出去；有的喜欢运动，热爱体育；有的练就了一手不错的厨艺……而那位最让院长心疼的小珍妮，20年后，终于凭借自己的努力，登上了残奥会的领奖台。

也许每个人的生命里，总会有一些伤痕残存着，它们像魔鬼一样缠绕着我们的心。我们不愿意去触碰它们，因为只要轻轻一碰，就会隐隐作痛。

所以我们选择了回避，选择了躲闪，选择蜷缩在仿佛只有自己的世界里疗伤，慢慢地失去主观，失去自信，失去开拓新世界的能力。长此以往，伤痕会冰冻我们的情感，令我们无所适从，令我们无力去做我们喜欢做的工作和事情。

人不可能一直生活在虚假的"无竞争"状态，没有人会因为你的弱势就放弃和你竞争，我们的生活不会因为这是我们的弱项，就对我们网开一面。回避根本解决不了任何问题。故事里的体育老师正因为看到了这点，才将一个个孩子从被保护的状态拉出来，认清自己现在所处的位置，让他们发现自己的长处，变得优秀。

而且仅仅变得优秀还不够，必须继续努力，让自己的优秀不断更上一个台阶。那是一个长路漫漫兮的过程，因为优秀是没有止境的，只有更优秀没有最优秀。

我们生活中有些朋友的成功就像昙花一现，很大一部分的原因就在于没能认清自己的局势，因为达成了心愿，整个人就松懈了下来。一个没注意就给了别人可乘之机，等发现的时候，大局已定已经扭转不了乾坤。

其实，成功的一种定义就是为了证明自己优秀，而优秀又是无止境的事情。所以相对于取得的成绩而言，让自己更优秀才是立于不败之地的根本。我们不能抱有侥幸心理，也不能高估自己的实力，而要冷静地看待自己所处的位置，用发展的眼光看待自己面对的问题。

让自己不断优秀无疑是保护自己成果的最佳举措。只有这样，你的实力才不会被旁人一眼看穿，就像一个深不见底的能源球，一直被关注、欣赏。

我们来看这个故事。

19世纪初，在意大利中部的一个山谷内，住着一群古老的村民，他们的饮用水需要到很远的一条小河里去挑。于是，村长把这个挑水的任务交给了两个年轻人，并承诺每挑一担水就支付他们一定的报酬。

两个年轻人欣然应诺，然后各自准备了一副大水桶，他们每天日出而作，日落而息，尽管十分辛苦，但好在有一份不错的收入，他们都干得很起劲。其中一个年轻人想，等自己攒够了钱，就可以修房造屋，娶妻生子，那是多么幸福的生活啊！

另一个年轻人想，每天翻山越岭，负重而行，根本不是长久之事，况且挑水占去了自己大部分的时间，毫无自由和乐趣可言，要是能将山外的河水引到山谷里来，岂不是不用挑水了吗？当然，要想将河水引到山谷里并非一件容易的事，那需要耗费很大的工程，但年轻人坚信，事在人为，只要大家团结一致，没有什么办不成的事！

一个夏日的黄昏，年轻人收了工，他将自己的想法告诉了村长，并希望他号召全体村民，集资修建管道，彻底解决大家的饮水问题。然而，让他意想不到的是，他的建议遭到了绝大部分村民的反对，因为这儿的人世世代代都是靠挑水生活，他们从未想过从外面引水，也觉得这不现实。他的同伴也好言相劝："你还是老老实实地挑水吧，不要异想天开，断了自己的生路。"

虽然年轻人的提议没有得到大家的采纳，但他并没有放弃，他利用业余时间，拉了几个支持他的人，一起悄悄修建管道。几年后，与他一起挑水的那个年轻人小发了一笔，不但盖了新房子，娶了妻子，还买了很多家具和粮食；而他仍然孤身一人，住在一间简陋的小房子里，他把所有的钱都投入到了修建管道中。

又过了几年，他修建的管道终于连通了整个村子，白花花的水汩汩而流，源源不断，大家喜出望外，纷纷出钱购买。没过多久，他的同伴就失业了，因为管道放出的水远比挑水的费用低。就这样，修建管道的那个年轻人每天不用工作，也有一份可观的收入，而他的同伴却不得不去别的地方继续挑水挣钱。

管道替代挑水，这就是生活的真相。没有什么优秀是可以持久无可取代的，想要持久，必须学着让自己更优秀。

4.咬定目标不放松，直至你成功

没有阻力的理想，就失去了它原有的魅力。理想之所以可贵，就是因为有一段艰苦奋斗的过程，难于获取。想要成功，必须有此认知，要维持初心，咬定目标不放松，直至最后的成功！这个世界没有什么不可能的事情，主要看你毅力够不够。

我们现在所处的年龄正是和命运较真的年龄，岁月已经不允许我们把生活当游戏来玩。我们有我们的责任，有我们的目标，当我们确定做一件事情之前，我们肯定不是一时的兴起，而是认真思索考虑过的。既然是深思熟虑的事情，自然不能随意丢弃。

可是但凡我们想舍弃这个目标时，我们总有很多的理由说服我们自己："不是我想这样，我也很想坚持下去，可是现实让我不得不放弃。"似乎只要有了说辞，就可以释然了。

没有迫切的坚持与极致的努力，说放弃就放弃，如此，整个人生还有什么是我们可以坚持的？

在追求理想的过程中肯定会遭遇挫折，但是，这些都不是我们改变目标的理由。没有阻力的理想，就失去了它原有的魅力。理想之所以可贵，就是因为有一段艰苦奋斗的过程，难于获取。想要成功，必须有此认知，要维持初心，咬定目标不放松，直至最后的成功！这个世界没有什么不可能的事情，主要看你毅力够不够。

美国有位名叫詹妮芙的著名律师，她曾创造了 5 小时打赢一场官司的奇迹，被全美法律界传为美谈。

事情的经过是这样的：一位名叫康妮的美国女孩在街上被一辆卡车撞倒，导致高位截瘫。这种卡车是由美国一家著名汽车公司制造的。由于事发突然，康妮对当时的情况一无所知，而肇事方聘请的律师马格雷则狡猾地利用了各种证据，推翻了几名目击者的证词，康妮因此败诉。

康妮向詹妮芙求援。詹妮芙接案后，仔细走访调查，得出一个惊人的结论：该汽车公司生产的卡车近 5 年来所发生的 15 次车祸原因完全相同，那就是该卡车的制动系统存在严重问题，急刹车时，车子后部会打转，把受害者卷入车底，从而导致事故发生。

詹妮芙马上找到被告辩护律师马格雷："卡车制动装置有问题，而你却隐瞒了真相。我希望汽车公司拿出 200 万美元赔偿给康妮，否则我们将提出控告。"老奸巨猾的马格雷回答道："好吧，不过我明天要去伦敦，一星期后回来，届时我再与你商谈。"詹妮芙相信了他。

一个星期后，马格雷没有露面。詹妮芙知道自己上当了，因为案子的诉讼时效即将到期，今天是最后一天。愤怒的詹妮芙给马格雷打了个电话，质问他为什么不遵守诺言。马格雷在电话中扬扬得意："我的詹妮芙小姐，诉讼时效今天到期了，谁叫你那么笨呢！"

詹妮芙不想就此放弃。她问秘书："准备好这份案卷要多长时间?"秘书回答:"三四个小时。现在是下午一点，即使我们用最快的速度草拟好文件，再送到律师事务所，由他们草拟出一份新文件，然后交到法院，时间也来不及。"

詹妮芙急得在屋子里团团转，突然，灵光一现，她想到了一个问题:该汽车公司在美国各地都有分公司，为什么不把起诉地点往西移呢?隔一个时区就差一个小时啊!位于太平洋上的夏威夷在西十区，与纽约时间差整整5个小时!对，就在夏威夷起诉!

在最后的5个小时里，詹妮芙以雄辩的事实，精准的语言，赢得了陪审团全体成员的认可。最后，陪审团一致裁决:康妮胜诉，那家汽车公司依法赔偿受害人总计600万美元的损失费。

5小时在人生的长河中或许只是沧海一粟，但对于一个善于思索、永不放弃的人来说，往往可以创造出惊天的业绩。

看似完全没胜算的事情，却因为詹妮芙的坚持，还是给自己争取到至关重要的5个小时。就因为这不可思议的5小时，她扭转了乾坤。

很多时候，所谓的绝境并不是没有生路，只是生路隐藏在死门后面，需要你亲手将它打开。所以，我们不要被表面上的困难吓着。困难再可怕，也害怕我们咬定目标不放松的这股劲。

咬定目标不放松，直至你成功!

5.一颗担当的心，让你所有的坚持变得有价值

不要轻易给自己减压，是你的责任就得学会挑起来。责任压不垮一个人，它只会把人的意志力磨炼得更为坚毅。而坚毅的意志力恰恰又是成功路上必不可少的道具。当你发现它的好处时，你就会感恩你遭遇的一切。

在起起伏伏的人生之路上，我们不免会遭遇很多不顺，这时与其抱怨，不如让自己学会担当，因为一颗有担当的心会为你扫去很多困扰，让你一路向前。

有担当的人，断然不会因为别人的目光，就改变自己的想法，也不会因为遭遇不合理就心生怨言。他们在第一时间考虑的不是别人亏负了他们，欺负了他们，而是在自己身上找毛病，是不是自己真的做错了？如果换种处理方式是不是更好一点？一味地找别人的不对，找再多，也不能改变什么。只有不停地改正自己的不足，才能从本质上杜绝自己再犯相同的错误，才会有所进步。

有担当的人，考虑问题的角度总是积极的。正是这种积极，才会让所有的坚持变得有价值。

想成功，我们先要学会有所担当。

在美国有位退伍军人，他在战场上负了伤，当他回到地方时，年龄也比较大，再加上负伤，成了一位残疾的退伍军人，所以找工作变得非常不容易，很多单位都拒绝了他。

这一次，他来到了美国最大的一家木材公司去求职，他通过几道关卡，终于找到了这个公司的副总裁，他非常坚定地对这位副总裁说："副总裁，我作为一名退伍军人，郑重地向您承诺，我会完成您交给我的任何任务，请您给我一次机会。"

副总裁一看他的年龄，一看他这个样子，像开玩笑似的，真的就给了他一份工作。

副总裁想：比你优秀的经理人去都不能完成这个任务，我不如卖一个人情，也让你明白你不是那块料。那是一份什么样的工作呢？那是在美国中部的一个烂摊子。在此之前，公司派了很多优秀的经理人，都没有把这个工作做好，因为在这里有恶劣的客户关系，公司的欠款长期不能收回。

第二天，退伍军人就奔赴那个市场，几个月之后，他从美国中部挽回了公司在那里的形象，捋顺了客户的关系，并且结算了几乎所有的欠款。

在一个周末的下午，总裁把这个退伍军人叫到自己的办公室。跟他说："我这个周末要出去办一点事情，我的妹妹在犹他州结婚，我要去参加她的婚礼。麻烦你帮我买一件礼物。这个礼物是在一个礼品店里，非常漂亮的橱窗里面的一只蓝色的花瓶。"他描述了之后，就把那个写有地址的卡片交给了那位退伍军人。那个退伍军人接到任务后，郑重地向他的老板承诺："我保证完成任务！"

这位退伍军人看到卡片的后边，有老板所乘坐的火车车厢和座位，因为老板跟他说，把这个花瓶买到之后，送到他所在的车厢就可以了。

于是这个退伍军人立即行动，他走了很长时间才找到那个地址，可到那一看，他傻眼了，因为这个地址上面根本没有老板描述的那家商店。

所以，他第一时间想到给老板打电话确认，但是老板的电话已经打不通了。因为在北美的周末，老板是不允许别人打扰他的，通常老板的手机是不接电话的。怎么办？

时间一分一秒地过去，这位退伍军人结合地图然后通过扫街的方法，在距离这个地址五条街的地方，终于看到了老板所描述的那家店，远远地望去，就是那个漂亮的橱窗，他已经看到了那只蓝色的花瓶。他非常欣喜，但他飞奔过去一看，门已经上锁，这家商店已经提前关门。

这位军人结合黄页和地址，终于找到这家店经理的电话。当他打电话说要买那只蓝色的花瓶，对方说："我在度假，不营业。"然后就挂了电话。

退伍军人想无论如何我也要拿到那只蓝色的花瓶。他想砸破橱窗拿到那只蓝色的花瓶，于是这位退伍军人转身去寻找工具。等他好不容易找到工具回来时，正好从远处来了一位警察，全副武装，那个警察来到了橱窗面前，站在那里居然一动不动。然后这个退伍军人静心地等待，等了好久，那个警察丝毫没有走的意思。

这个时候，这位退伍军人意识到什么，他再一次拨通该店经理的电话，他第一句话就说，我以自己的性命和一个军人的名誉担保，我一定要拿到那只蓝色的花瓶，因为我承诺过，这关系到一个军人的荣誉和性命，请您帮帮我。

那个人不再挂他的电话，一直在听他讲。他讲述在战场上是如何负伤的故事，因为在战场上承诺战友，一定挽救战友的生命，一定要把战友背出战场，为此他身负重伤，留下残疾。

那个经理被他感动了，终于决定愿意派一个人，给他打开商店的门，把这个蓝色的花瓶卖给他。退伍军人拿到了蓝色的花瓶，他非常开心。但这个时候他一看时间，老板的火车已经开了。

这位退伍军人给他过去的战友打电话，他想租用一架私人飞机，因为在北美有很多人拥有私人飞机，他终于找到了一位愿意把私人飞机租借给他的人，然后他乘驾飞机追赶老板乘坐的火车的下一站，当他气喘吁吁跑进站台时，老板的火车正好缓缓地驶进站台。

照老板告诉他的车厢号，走到那节车厢，看到老板正安静地坐在那里，他把蓝色的花瓶小心翼翼地放到桌子上，然后跟老板说："总裁，这就是您要的蓝色的花瓶，给您妹妹带好，祝您旅途愉快。"然后转身就下车了。

一周开始，上班的第一天，老板把这个退伍军人叫到自己的办公室，跟他说："你出色地完成了任务，我向你表示祝贺。现在我代表董事会正式任命你为本公司远东地区的总裁……"

其实，公司一直在选一位经理人，想把他选派到远东地区担任总裁，而退伍军人那颗有担当的心，最终让他通过了考验。

这样的考验对一个退伍军人合理吗？一个错误的地址导致买不到

花瓶，是需要退伍军人担负的责任吗？换了你会持续寻找吗？等他找到了花瓶，人家老板明明白白地说度假不营业，成交不了，难道也是退伍军人需要担负的责任吗？火车开走了，他又不是飞人，再扯责任岂不是太搞笑了吗？退伍军人不管哪个时间段，当退伍军人被问题难住时，他都有转身回去的权利，但是他没有，因为那是他选择的路，他要为他的诺言负责，他用他的行动证明他是一个有担当的人。

他的担当，使他通过了老板的考验，成了远东地区的总裁。

人生是很奇怪的，担当的少了，你肩负的责任就少，担子自是轻了，自己肯定是省力的，但是你表现的机会也就少了，想得到别人的认同就难了。

所以，不要轻易给自己减压，是你的责任就得学会挑起来。责任压不垮一个人，它只会把人的意志力磨炼得更为坚毅。而坚毅的意志力恰恰又是成功路上必不可少的道具。当你发现它的好处时，你就会感恩你遭遇的一切。

可是正因为有些人太聪明，他们太懂得给自己减负，还没尝到坚毅的好处时，就倒下了。

一颗担当的心，它会让你所有的坚持都会变得有意义。

6.你能承担多大责任，你的价值就有多大

一个人想不断拓取、不断进步，只关心眼前的利益是远远不够的。我们要把目光放长，首先考虑的不是自己获得什么样的收益，而是我能承担什么样的责任，能给别人带来什么。一个人的责任和价值是统一的，你能承担多大的责任，你的价值就有多大。

我们活在世上，摆脱不了的一个词就是奋斗。为一日三餐奋斗，为实现个人价值奋斗，为美好的将来奋斗。奋斗的最终目的就是竭尽所能地去体现自己的价值。成为一个合格的丈夫，一个优秀的父亲，一个出类拔萃的人物。

一个合格的丈夫，必须有扛起家庭日常开销确保妻子身心愉悦的能力；一个合格的父亲，必须担负孩子身心健全发展的责任；一个出类拔萃的人，担负的责任自是更要宽广许多。

所以想知道自己的价值有多大，不是凭自己的感觉或是旁人的评价，而是得看你能承担多大的责任。

只为一己私欲，那么就只能蜷缩在一个小范围内。骨子里总归是单薄的，能承担的责任也有限，断不能大阔步向前。

　　一个人想不断拓取、不断进步，只关心眼前的利益是远远不够的。我们要把目光放长，首先考虑的不是自己获得什么样的收益，而是我能承担什么样的责任，能给别人带来什么。一个人的责任和价值是统一的，你能承担多大的责任，你的价值就有多大。

　　1947年，电影《开往印度的船》杀青后，出道不久的伯格曼妄自尊大，自我感觉棒极了，认定这是一部杰作，"不准剪掉其中任何一尺"，甚至连试映都没有就匆忙首映。结果可想而知，拷贝出了重大灾情，糟透了！

　　伯格曼在酒会上喝得不省人事，次日在一幢公寓的台阶上醒来，看着报纸上的影评，惨不堪言。也就在此时，他的朋友笑容可掬，点到为止地说了一句话："明天照样会有报纸。"

　　一种标准的西方式幽默。

　　此话给伯格曼深深安慰。明天照样会有报纸，冷言讥语很快都会过去的，你应该争取在明天的报纸上写下最新最美的内容。伯格曼是幸运的，在他失败的关口，朋友没有喝倒彩，而是用富有哲理而幽默风趣的话给他独到的慰藉力量。

　　伯格曼从失败中吸取了教训，在下一部电影的制作中，只要有空就去录音部门和冲印厂，学会了与录音、冲片、印片有关的一切，还学会了关于摄影机与镜头的知识。从此再也没有技术人员可以唬住他，他可以随心所欲地达到自己想要的效果。一代电影大师就这样成长起来了。

　　一路出类拔萃的人也必须经历挫折才能成熟。伯格曼没有认真担负一个电影人的责任，他的盲目自大只能给他一个糟透了的答案。幸好朋友点醒了他。而后他吸取教训，只要有空就去录音部门和冲印厂，懂了很多电影人应该懂的东西。当他认真承担他的责任的时候，他的价值就开始体现了。

这个故事告诉我们：一个人太急于求成的时候，往往会忽略自己的责任。而这种疏忽，恰恰就会给挫败埋下伏笔。

当我们去做一件事的时候，首先要考虑的不是这件事能给自己带来多少好处，自己得多多表现自己，而是自己去做这件事必须承担哪些责任？自己有没有这个能力承担这份责任？正确的估算自身的能力，然后把自身的能力发挥到极限，让自己完美地担当起这份责任。看似和自己无关的事情，却恰恰是成就自己成功的最大砝码。

古希腊的大哲学家苏格拉底在临终前有一个不小的遗憾——他多年的得力助手，居然在半年多的时间里没能给他寻找到一个最优秀的关门弟子。

事情是这样的：苏格拉底在风烛残年之际，知道自己时日不多了，就想考验和点化一下他的那位平时看来很不错的助手。他把助手叫到床前说："我的蜡所剩不多了，得找另一根蜡接着点下去，你明白我的意思吗？"

"明白，"那位助手赶忙说，"您的思想光辉是得很好地传承下去……"

"可是，"苏格拉底慢悠悠地说，"我需要一位最优秀的承传者，他不但要有相当的智慧，还必须有充分的信心和非凡的勇气……这样的人选直到目前我还未见到，你帮我寻找和发掘一位好吗？"

"好的，好的。"助手很温顺很尊重地说，"我一定竭尽全力地去寻找，以不辜负您的栽培和信任。"

苏格拉底笑了笑，没再说什么。那位忠诚而勤奋的助手，不辞辛劳地通过各种渠道开始四处寻找了。可他领来一位又一位，都被苏格拉底一一否决了。有一次，当那位助手再次无功而返地回到苏格拉底的病床前时，病入膏肓的苏格拉底硬撑着坐起来，抚着那位助手的肩膀说："真是辛苦你了，不过，你找来的那些人，其实还不如你……"

"我一定加倍努力，"助手言辞恳切地说，"找遍城乡各地、找遍五湖四海，我也要把最优秀的人选挖掘出来、举荐给您。"

苏格拉底笑笑，不再说话。半年之后，苏格拉底眼看就要告别人世，最优秀的人选还是没有眉目。助手非常惭愧，泪流满面地坐在病床边，语气沉重地说："我真对不起您，令您失望了！"

"失望的是我，对不起的却是你自己。"苏格拉底说到这里，很失意地闭上眼睛，停顿了许久，才又不无哀怨地说："本来，最优秀的就是你自己，只是你不敢相信自己，才把自己给忽略、给耽误、给丢失了……其实，每个人都是最优秀的，差别就在于如何认识自己、如何发掘和重用自己……"话没说完，一代哲人就永远离开了他曾经深切关注着的这个世界。

苏格拉底的助手始终没有看到苏格拉底寄予自己的使命，正因为他没能承担起这份责任，也就理所当然地与苏格拉底的关门弟子擦肩而过了。

有的时候，令你错失机会的不是你的能力，而是你有没有承担责任的勇气。

你能承担多大的责任，你的价值就有多大；你的价值有多大，就决定了你能成为哪个层次的人。换言之就是能取得多大的成功。

你做好成功的准备了吗？

7.做自己想做的事，坚持是无可估量的收获

坚持是一个很美妙的词，明明看不见摸不着，可是我们却能感受到它带来的源源不断的能量。我们眼前所有的一切都是坚持换来的。没有对白天的执着，又何来黑夜的褪去？没有对春天到来的坚持，花花草草哪有勇气度过漫长的冬天？因为对生活有无限的向往，我们重复早出晚归的日子，再苦也可以坚持。

需要做出选择时，不管选择哪种答案，我们总有足够的理由说服自己，自己这样选择是有原因的，不是冲动之下的决定。任何时候，我们都不缺少理由，如果一定要说缺少，那么就是缺少坚持。

是的，坚持。

坚持是一个很美妙的词，明明看不见摸不着，可是我们却能感受到它带来的源源不断的能量。我们眼前所有的一切都是坚持换来的。没有对白天的执着，又何来黑夜的褪去？没有对春天到来的坚持，花花草草哪有勇气度过漫长的冬天？因为对生活有无限的向往，我们重复早出晚归的日子，再苦也可以坚持。

如果没有坚持，我们的世界就不再是我们熟悉的世界，我们就像

被风吹起的树叶，落在草地也好，落在池塘里也罢，没有激情、没有希望，随波逐流。或许人是活的，但是心是死的。

所以任何时候我们都不能轻易舍去坚持，想让自己活得有声有色，就必须学会坚持。当我们决定去做某件事时，就不要被这样那样的理由牵绊，想去做就去做。那些看似无法跨越的困难，当我们当真去做时，就会发现原来也是可以跨越的。只是过程不是太简单。但是有什么关系呢？我们现在在做的是我们想做的事情啊！苦一点算什么，经历挫折又算什么。只要坚持下去，迟早会有无可估量的收获。

1958年，一个叫渡边淳一的日本青年从札幌医科大学毕业了，他在一家矿工医院做了一名外科医生。在世人的眼中，这是一份收入稳定而又体面的工作，可渡边淳一的内心却十分纠结。

渡边淳一出生于北海道，他在札幌一中读初一时，遇到了一位国语教师，他在每周三都会教学生们阅读日本古典文学作品。这仿佛为渡边淳一打开了一扇神奇的窗户，他一下子为这个迷人的世界所吸引。在初中和高中的六年时间里，他读了不少日本小说，从川端康成、太宰治、三岛由纪夫，直到"战后第三拨新人"的作品，那时他最大的理想就是当个文学家。然而他当文学家的梦想却遭到了母亲的极力反对，她是当地一位大商人的女儿，在渡边淳一的印象中，母亲是"一个强悍、喋喋不休，永远把他当成小孩的女人"。没办法，他只能听从母亲的安排，成为北海道大学理学院的一名新生。

在大学里，他十分羡慕文学院的"文学青年"，经常为自己无缘坐在研究室中全力读文学，只能啃一些枯燥的理化教材而愤愤不平。为了安慰不安的心灵，他一头扎进了图书馆，阅读了大量外国文学作品，包括海明威、哈地歌耶、卡缪等人的作品，其中卡缪的《异乡人》令他大为倾倒，一连读了三遍。

成为一名医生后，渡边淳一的工作有时十分繁忙，可这样的忙碌越来越让他疲惫不堪，因为在他的内心深处，那个始终牵动他的文学梦似乎离他渐行渐远，这让他越来越感到寝食难安。有一天，他无意中看到了一个叫摩西奶奶的美国老太太的故事，便以春水上行的笔名，提笔给她写了一封信，述说了自己的困惑，问她："一个人在 28 岁的年龄，才开始一条文学之路，会不会太晚呢？"

让他想不到的是，不久他就收到了一封回信，在信中，摩西奶奶讲述了自己的故事。她是美国纽约州一个农村的普通村妇，以刺绣为业。76 岁那年，她因为严重的关节炎，不得不放弃刺绣，但她却拿起了画笔，从头开始学起了绘画。几年后，一个收藏家在村里的小卖部里注意到了她的绘画，把她的作品带到了纽约。1940 年，80 岁的她在纽约举办了首次画展，引起了轰动，她质朴的艺术风格受到世人的追捧。在她 20 多年的绘画生涯中，创作了 1600 余幅作品。后来，摩西奶奶又在写给他的明信片上写道：做你喜欢做的事，上帝会高兴地帮你打开成功之门，哪怕你现在已经 80 岁了。

摩西奶奶的话让渡边淳一豁然开朗，他毅然辞去了医生这份安稳的工作。母亲得知他打算去东京专职写小说时，愣在那里，随后几近哭着说："求你了，别去干那种卖笑的事。"可现在，谁也不能左右他了。

然而比起拿起手术刀做手术来，靠写小说来生存十分艰难。渡边淳一后来描述自己当时的生活："晌午起床，傍晚开始上班，深更半夜不睡，收入极不稳定，银行也不肯贷款，我甚至觉得还不如卖笑。"

不过渡边淳一已经没有退路，虽然他一度穷困潦倒，但他不肯让自己的梦想之火熄灭。就这样，他一路写来，他成为日本文坛"情爱小说第一人"。从1970年《光和影》获"直木文学奖"，至今他已出版150多部作品，深受读者拥戴，粉丝遍布世界各地。

在成功实现了自己的文学梦想后，渡边淳一最感激的人，就是摩西奶奶。如今年过古稀的他依然保持着旺盛的创作激情。

2001年，在美国华盛顿博物馆举办了一场"摩西奶奶在21世纪"展览，在展览的私人收藏品中，就展出了当年摩西奶奶写给渡边淳一的明信片。讲解员在讲完这个故事后，都会告诉人们这样一段话：你心里想做什么，就大胆地去做吧！不要管自己的年龄有多大和现在的生活状况如何，因为，你想做什么和你能否取得成功，与这些没有什么关系。

摩西奶奶76岁开始学习画画，80岁举办了首次画展。她用她的人生经历告诉渡边淳一，做自己想做的事情，不管现在是几岁，只要你想做，只要你坚持去做，就一定会有收获。

果然渡边淳一在她的鼓励下，辞去安稳的工作，开始了职业写作。他没有退路，再潦倒也只能坚持，坚持到最后，他的粉丝遍布世界各地，他终于成功实现了自己的文学梦想。

我们正值做梦的年龄，我们心怀自己的梦想。但总是被这样那样的理由困扰，或者被这些那些失败扰乱了我们最初的想法。很多明明很想坚持下来的梦想还没开始，或者已经开始却没能坚持到最后。这种遗憾不是时间就能弥补的，那是人生的缺陷，而这样的缺陷恰恰是我们自己造成的。

坚持一条路走下去，其中的苦楚不是三言两语就能表述清楚的。但是既然你想去做了，就不要给自己后退的机会。苦一点算什么，难一些怕什么。如果一切都像蹲下身子采草莓这么容易的话，那么那能算得了什么梦想呢？又谈何奋斗呢？实现梦想原本就不是简单的事情，但是梦想在前，又怎么可以轻而易举地就将希望抛弃呢？坚持其实只是对自己的人生有个交代罢了。想有个好的未来，坚持是必不可少的。

做自己想做的事，坚持是无可估量的收获。

8.要活出精彩，你必须坚持做最优秀的自己

世界很大，每个人都想活出精彩，可以从自己狭小的世界里走出去看看外面的世界。而达成这样的心愿，最直接的依附就是你够不够优秀。优秀是一个形容词，更是衡量一个人能力大小的标准。只有不断提高自己，达到这个标准，再不断突破这个标准，才能让自己拉开与世人的距离。

没有人一开始就选择浑浑噩噩的人生，活出精彩几乎是所有人的梦想。但是为什么那么多人到最后却只能平平庸庸地走完自己的一生，不能在任何领域有所建树呢？

这就是现实残酷的地方。有梦想是好的，只是你凭什么实现你的梦想？

想和达成是有很长的一段距离的。如何弥补这段距离？这就得依靠不放弃的信念，依靠持之以恒的勤奋。必须坚持做最优秀的自己，让自己在原本的基础上不断提高。优秀是没有止境的，我们不要轻易就被眼前的荣誉阻碍我们前进的步伐。

世界很大，每个人都想活出精彩，可以从自己狭小的世界里走出

去看看外面的世界。而达成这样的心愿，最直接的依附就是你够不够优秀。优秀是一个形容词，更是衡量一个人能力大小的标准。只有不断提高自己，达到这个标准，再不断突破这个标准，才能让自己拉开与世人的距离。有一天等你再回眸时，你会发现，你坚持的"最优秀"，已经将你远远地推到了众人前面。

或许你还不能理解我的说辞，但是，读完下面的故事，你就能明白坚持做最优秀的自己是多么明智的事情。

乔很爱音乐，尤其是喜欢小提琴。在国内学习了一段时间之后，他想出国深造，把视线转到了国外，但是国外没一个认识的人，他到了那里如何生存呢？这些他当然也想过，但是为了实现自己的音乐之梦，他勇敢地踏出了国门。威尼斯是他的目的地，因为那里是音乐的故乡。这次出国的费用是家里辛辛苦苦凑出来的，但是学费与生活费是无论如何也拿不出来了。所以，他虽然来到了音乐之都，却只能站在大学的门外，因为他没有钱。他必须先到街头上靠拉琴卖艺来赚够自己的学费与生活费。

很幸运的是，乔在一家大型商场的附近找到一位为人不错的琴手，他们一起在那里拉琴。这个地理位置比较优越，他们挣到了很多钱。

但是这些钱并没有让乔忘记自己的梦想。过了一段时日，乔赚够了自己必要的生活费与学费，就和那个琴手道别了。他要学习，要进入大学进修，要在音乐学府里拜师学艺，要和琴技高超的同学们互相切磋。乔将全部的时间和精力都倾注到提升音乐素养和琴艺之中。十年后，乔有一次路过那家大型商场，巧得很，他的老朋友——那个当初和他一起拉琴的家伙，仍在那儿拉琴，表情一如往昔，脸上露着得意、满足与陶醉。

那个人也发现了乔，很高兴地停下拉琴的手，热络地说道："兄弟啊！好久没见啦！你现在在哪里拉琴啊？"

乔回答了一个很有名的音乐厅的名字，那个琴手疑惑地问道："那里也让流浪艺人拉琴吗？"乔没有说什么，只淡淡地笑着点了点头。

其实，十年后的乔，早已不是当年那个当街献艺的乔了，他已经是一位世界著名的音乐家，经常应邀在著名的音乐厅中登台献艺，早就实现了自己的梦想。

人生的轨迹是不同的，人生的规律却是一样的。就像乔和那个琴手一样，他们曾处在同样的高度。只是琴手满足于眼前的经济收入，安于现状不思进取。而乔却不愿为目前看着较为丰厚的收入抛弃最初的梦想，他攒够了钱就选择了去大学进修。

十年后他们再相遇时，那个琴手还是以流浪艺人的身份在那个地方拉琴，而乔却成了世界著名的音乐家。

所以成功不是安于现状就能完成的梦想，想要活出精彩，你必须坚持做最优秀的自己。不管什么阶段，只要可以，就要让自己变得更优秀。只有把优秀不断堆积，让自己变得更优秀最优秀，才能站到人群的最前面。

我们总觉得成功的人离我们很遥远，其实一开始他们也是我们身边的一员，只是他们在利用一切可以利用的机会让自己变得更优秀，就这样一点一点地拉开了与我们之间的距离。

瑞士军刀始创于 1884 年，它的创始人卡尔·埃森纳为纪念自己的母亲，就用母亲的名字"维多利亚"注册成了商标，瑞士军刀因此也被世人称为"维氏军刀"。1918 年，58 岁的卡尔·埃森纳去世了，他把产业留给了两个儿子卡尔·埃森纳二世和爱德华·埃森纳。就是在这个时候，两个儿子携维氏军刀挺进美国，并且让其迅速壮大起来。

二战末期，美国人热衷于制造豪华的折叠刀具，这无疑给了维氏军刀一个巨大的市场。维氏公司开始积极地通过美国福利社向二战中的士兵发售他们的军官刀。由于质量好、功能多，维氏军刀很受欢迎，造成了供不应求的局面。然而奇怪的是，无论世界各地的经销商怎么催，维氏军刀的产量都没增加。

原来，卡尔·埃森纳二世和爱德华·埃森纳两兄弟一直秉承着父辈的生意理念，把技艺娴熟的工人当作生产军刀的核心竞争力。要扩大生产量，就必须培养新的工人，但是培养合格的工人需要一定的时间。这样的情况下，他们不想因为仓促找人，而影响到刀的质量，于是，就出现了供不应求的局面。

其实，还有一个让维氏公司坚持不加产量的重要原因，那就是公司成立之初就定下了一条缺律：不准解雇员工，而且要以最大的福利对待工人。因而，如果为了扩大生产量而招收新员工，那么就意味着在生产热潮过后，公司负担就增加了。

所以，面对眼前潮水般的订单，维氏公司依然清醒地坚持着祖辈的信条，维持着原来 1000 多人的员工数量。这 1000 多人里面很多是祖孙三代。

维氏公司这种缓慢扩张的做法，在遭到一些客户的指责的同时，却为公司赢得了更好的口碑。这个口碑给瑞士军刀带来了两个巨大的

"免费广告"。

20 世纪 80 年代，一部名为《马盖先》的电视剧风靡世界。剧中的主人公懒散但能干，屡次成功地对付暴徒、间谍、科学狂人，甚至是精神病人。有意思的是，马盖先的唯一武器就是瑞士军刀，他用它来拆炸弹、撬锁……这样的一部片子，给维氏公司带来了极大的广告效益。

还有就是在 1983 年，一位德国宇航员乘坐航天飞机在空间站里要完成 72 项实验。无数人通过卫星转播观看他的一举一动。可是当他打开工具箱时，忽然发现带的扳手型号不对。宇航员犹豫了几秒之后，镇静地拿出了一把瑞士军刀，并且用军刀里藏着的扳手顺利解决了难题。这样的一次转播，让瑞士军刀的形象更深入人心，甚至有人给它起了个很响亮的外号，叫"无敌的空间勤杂工"！

正是因为维氏公司低调地坚守着祖辈留下来的这些信条，瑞士军刀才能够赢得全世界的青睐，销量一直遥遥领先，创造出百年辉煌。

瑞士军刀没有被眼前的成功冲昏头脑，无论经销商如何热衷这个产品，卡尔·埃森纳二世和爱德华·埃森纳两兄弟都没有被眼前的利益蒙蔽双眼。在他们看来，做得好远比赚得多重要。而恰恰就是这样的想法，让瑞士军刀深入人心，最终名利双收。

可见优秀才是竞争中立于不败之地的基本。

要活出精彩，并不难，你只要下定决心，从现在开始坚持做最优秀的自己！迟早有一天你能听到属于你的掌声。